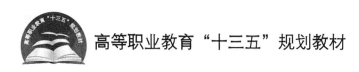

高等职业教育"十三五"规划教材

公差配合与技术测量基础

主　编　张　茜
主　审　周孝康

北京航空航天大学出版社

内 容 简 介

本书围绕实际生产所需要的知识体系,用通俗易懂的文字和丰富的图表,介绍了机械加工中有关极限配合的基本内容、在技术测量方面的基本知识和常用量具量仪的使用方法。

本书介绍的知识面较宽并且深度适当,内容简明扼要,理论联系实际。本书侧重于基本概念的讲解和标准的应用,每个章节的知识既相互联系又各自独立,这些知识是机电类专业学生必须掌握的基本核心技能,可为他们学习后续专业课程及以后就业打下基础。本书采用了最新的国家标准及法定计量单位,提高了知识的准确性和内容的严密性。

本书各章后配有习题,以配合教学使用。

本书不仅可供高等职业技术院校机电类各专业师生使用,也可作为机械制造专业的工程技术人员、计量检测人员及机加工操作人员的参考用书。

图书在版编目(CIP)数据

公差配合与技术测量基础 / 张茜主编. -- 北京:北京航空航天大学出版社,2016.7

ISBN 978 - 7 - 5124 - 2182 - 0

Ⅰ.①公… Ⅱ.①张… Ⅲ.①公差－配合②技术测量 Ⅳ.①TG801

中国版本图书馆 CIP 数据核字(2016)第 147575 号

版权所有,侵权必究。

公差配合与技术测量基础
主　编　张　茜
主　审　周孝康
责任编辑　董　瑞　王　赜

*

北京航空航天大学出版社出版发行

北京市海淀区学院路 37 号(邮编 100191)　http://www.buaapress.com.cn
发行部电话:(010)82317024　传真:(010)82328026
读者信箱:goodtextbook@126.com　邮购电话:(010)82316936
北京九州迅驰传媒文化有限公司印装　各地书店经销

*

开本:787×1 092　1/16　印张:10.25　字数:262 千字
2017 年 2 月第 1 版　2023 年 7 月第 4 次印刷　印数:3 751~4 250 册
ISBN 978 - 7 - 5124 - 2182 - 0　定价:29.00 元

若本书有倒页、脱页、缺页等印装质量问题,请与本社发行部联系调换。联系电话:(010)82317024

前 言

"公差配合与技术测量基础"是工科院校的主要课程,也是一门技术性和应用性比较强的专业基础课。

我国现代制造业发展迅速,市场对产品的加工工艺要求越来越高,技术测量水平也随之提高。本书结合编者多年的教学经验,并参考许多同类教材,教材内容的安排上以实用为原则,从生产实际出发,不仅涵盖了学生应具备的知识和能力结构,更注重突出基础性和应用性;教材内容的呈现方式上以图片、实物照片或表格等形式为主,强调由浅入深,循序渐进,将各个知识点生动地展示出来,力求给学生营造一个直观的认知环境,让学生更好地理解和掌握所学内容。

本书内容包括"公差配合"和"技术测量"两大部分:"公差配合"属于标准化范畴;"技术测量"属于计量学范畴。具体内容包括:极限与配合、技术测量基础及常用计量器具、几何公差及其检测、公差原则、公差要求和表面粗糙度等。教材编写中采用了最新的国家标准,重点讲解了基本概念及标准的应用,计量器具的使用方法及几何公差的应用等内容。

本书由四川航天职业技术学院张茜主编,周孝康主审,姚蓉、孙文珍任副主编。其中第1章、第2章及4.5节由张茜编写,第4章的4.1节至4.4节以及4.6节和第5章由孙文珍编写,第3章、第6章由姚蓉编写。全书由张茜进行统稿和定稿。由于编者水平有限,书中如有错漏之处,敬请读者批评指正。

编 者
2016年6月

目 录

第1章 概 论 ··· 1
  1.1 互换性 ·· 1
    1.1.1 互换性的概念和分类 ··· 1
    1.1.2 互换性的作用与意义 ··· 1
  1.2 标准化和优先数 ··· 2
    1.2.1 标准和标准化 ·· 2
    1.2.2 优先数和优先数系 ··· 3
  1.3 本课程的性质与任务 ··· 4
    1.3.1 本课程的性质 ·· 4
    1.3.2 本课程的任务 ·· 4
  习 题 ··· 5

第2章 极限与配合 ·· 6
  2.1 基本术语和定义 ··· 6
    2.1.1 孔和轴的定义 ·· 6
    2.1.2 有关要素、尺寸的术语和定义 ······························ 7
    2.1.3 偏差与尺寸公差 ··· 9
    2.1.4 零线与公差带 ·· 12
    2.1.5 配 合 ·· 13
  2.2 极限与配合标准的基本规定 ·· 18
    2.2.1 标准公差 ·· 18
    2.2.2 基本偏差 ·· 20
    2.2.3 公差带 ·· 22
    2.2.4 基本偏差数值的确定 ·· 24
    2.2.5 另一极限偏差的确定 ·· 24
    2.2.6 极限偏差表 ·· 26
    2.2.7 配 合 ·· 26
    2.2.8 一般公差——线性尺寸的未注公差 ······················ 28
  2.3 公差带与配合的选择 ··· 29
    2.3.1 配合制的选择 ·· 29
    2.3.2 标准公差等级选择 ··· 30

2.3.3 配合的选择 ··· 33
　习　题 ·· 36
第 3 章　技术测量基础及常用计量器具 ··· 38
　3.1 技术测量概述 ··· 38
　　3.1.1 计量单位 ·· 38
　　3.1.2 计量器具的分类 ··· 39
　　3.1.3 测量方法的分类 ··· 41
　　3.1.4 计量器具的技术参数 ··· 43
　3.2 测量误差的基本知识 ··· 44
　　3.2.1 测量误差的基本概念 ··· 44
　　3.2.2 测量误差产生的原因 ··· 44
　3.3 常用长度尺寸测量的量具与量仪 ··· 45
　　3.3.1 游标量具 ·· 45
　　3.3.2 测微螺旋量具 ·· 48
　　3.3.3 量　块 ··· 52
　　3.3.4 机械式量仪 ··· 55
　3.4 测量角度的常用计量器具 ·· 62
　　3.4.1 扇形万能角度尺 ··· 62
　　3.4.2 圆形万能角度尺 ··· 63
　　3.4.3 正弦规 ··· 64
　3.5 其他计量器具简介 ·· 66
　　3.5.1 塞　尺 ··· 66
　　3.5.2 直角尺 ··· 66
　　3.5.3 检验平尺 ·· 67
　　3.5.4 水平仪 ··· 67
　　3.5.5 偏摆仪 ··· 68
　　3.5.6 检验平板 ·· 68
　　3.5.7 数显量具、量仪 ··· 69
　3.6 光滑极限量规 ··· 70
　　3.6.1 量规的功用及分类 ·· 70
　　3.6.2 量规设计原则 ·· 71
　　3.6.3 轴用量规 ·· 72
　　3.6.4 孔用量规 ·· 73
　　3.6.5 圆锥量规 ·· 73
　3.7 计量器具的维护保养 ··· 74

习　题 …………………………………………………………………………………… 75

第4章　几何公差及其检测

4.1　概　述 ……………………………………………………………………………… 77
4.2　几何公差的基本概念 ………………………………………………………………… 78
　　4.2.1　零件的要素 …………………………………………………………………… 78
　　4.2.2　要素的分类 …………………………………………………………………… 78
　　4.2.3　零件几何误差的概念 ………………………………………………………… 79
4.3　几何公差带 …………………………………………………………………………… 80
　　4.3.1　几何公差的特征项目及符号 ………………………………………………… 80
　　4.3.2　几何公差带 …………………………………………………………………… 81
4.4　几何公差带的标注 …………………………………………………………………… 82
　　4.4.1　几何公差的框格和指引线 …………………………………………………… 82
　　4.4.2　基准要素的符号 ……………………………………………………………… 83
　　4.4.3　被测要素的标注 ……………………………………………………………… 83
　　4.4.4　基准要素的标注 ……………………………………………………………… 85
　　4.4.5　几何公差的其他标注规定 …………………………………………………… 87
4.5　几何公差的应用和解读 ……………………………………………………………… 88
　　4.5.1　形状公差 ……………………………………………………………………… 88
　　4.5.2　线轮廓度和面轮廓度公差 …………………………………………………… 90
　　4.5.3　方向公差 ……………………………………………………………………… 92
　　4.5.4　位置公差 ……………………………………………………………………… 97
　　4.5.5　跳动公差 ……………………………………………………………………… 100
　　4.5.6　几何公差解读举例 …………………………………………………………… 102
4.6　几何误差的检测方法 ………………………………………………………………… 103
　　4.6.1　几何误差的检测原则 ………………………………………………………… 103
　　4.6.2　形状误差的检测 ……………………………………………………………… 104
　　4.6.3　方向、位置、跳动误差的检测 ……………………………………………… 105
习　题 …………………………………………………………………………………… 108

第5章　公差原则和公差要求

5.1　公差原则的基本概念 ………………………………………………………………… 110
　　5.1.1　最大实体状态、最大实体尺寸和最大实体边界 …………………………… 110
　　5.1.2　最小实体状态、最小实体尺寸和最小实体边界 …………………………… 110
　　5.1.3　最大实体实效尺寸、最大实体实效状态和最大实体实效边界 …………… 111
　　5.1.4　最小实体实效尺寸、最小实体实效状态和最小实体实效边界 …………… 111
　　5.1.5　边界尺寸 ……………………………………………………………………… 111

5.2 独立原则和相关要求 ·· 112
   5.2.1 独立原则 ··· 112
   5.2.2 相关要求 ··· 112
习　题 ·· 117

第6章　表面粗糙度 ··· 119
6.1 表面粗糙度的基本概念 ··· 119
   6.1.1 表面粗糙度的概念 ··· 119
   6.1.2 表面粗糙度对零件使用功能的影响 ·· 119
6.2 表面粗糙度的评定 ·· 120
   6.2.1 表面粗糙度评定的基本术语和定义 ·· 120
   6.2.2 表面粗糙度的评定参数 ·· 121
6.3 表面粗糙度的标注 ·· 123
   6.3.1 表面粗糙度的表示方法 ·· 123
   6.3.2 表面粗糙度在图样中的标注 ··· 126
6.4 表面粗糙度的选用 ·· 127
6.5 表面粗糙度的检测 ·· 129
习　题 ·· 130

附　表 ··· 132
参考文献 ·· 154

第1章 概 论

【学习目标】
(1) 掌握互换性的含义及标准化的概念。
(2) 了解本课程的研究对象、任务及要求。

1.1 互换性

1.1.1 互换性的概念和分类

机械制造业担负着为国民经济各部门提供先进技术装备的重要任务,各种技术装备都是由许多零件组成的,这些零件的制造要符合互换性原则。

1. 互换性的定义

在机械制造业中,互换性是指制成的同一规格的一批零件或部件,不需作任何挑选、调整或辅助加工等,就能进行装配,并能满足机械产品使用性能要求的一种特性。例如,当有些零件(如活塞、曲轴和轴承等)因损坏而需要更换时,其备件不经任何钳工修配即可使用,而且能完全满足性能要求,这样的零件称为具有互换性的零件。

在日常生活中,互换性的例子也很多。比如家里的灯泡坏了,换上同规格的新灯泡就可以使用了;玩具中的电池没电了,换上同型号的新电池也可以使用了。

机械制造业中的互换性按其影响因素可分为几何参数互换性和功能互换性,本课程只讨论几何参数互换性。

2. 互换性的分类

互换性按程度和范围的不同,可分为完全互换性和不完全互换性。

当装配和更换零件时,不需挑选、调整或辅助加工,则这种互换性称为完全互换性。当装配和更换零件时,需要挑选、调整或辅助加工,这样在几何参数上才具有互相替换的性能,则这种互换性称为不完全互换性。不完全互换在机械制造业中具有实际意义:当装配精度要求较高时,采用完全互换将使零件的制造公差很小,造成加工困难,成本增加。这时,可将零件的制造公差适当放大,使之便于加工,加工后,零件按尺寸大小分成若干组,减小每组零件之间的尺寸差别,装配时则按相应组进行。这样,即可保证装配精度和使用要求,又能解决加工困难,降低成本。此时,仅组内零件可以互换,组与组之间不可互换,则此种互换性为不完全互换。比如零部件厂际协作应采用完全互换,部件或构件在同一厂内制造和装配时,可采用不完全互换。

1.1.2 互换性的作用与意义

在现代生产中,互换性已成为一个人们普遍遵循的原则。互换性对机器设计、制造和使用都具有十分重要的意义。

① 从设计角度看：在产品中采用了具有互换性的零件，尤其是最大限度地采用了标准件和通用件，这就大大地简化了设计、计算和绘图等工作的复杂程度，减少了工作量，缩短了设计周期。

② 从制造和装配角度看：在加工时，同一零件可由不同厂商按照规定公差分别进行加工，实现专业化的协调生产，提高了产品质量和生产率，降低了制造成本；在装配时，由于零件具有互换性，可直接实现替代装配，减少了劳动量，缩短了装配周期。

③ 从使用角度看：如果机器中的某个零件具有互换性，当某个零件损坏时，可以直接使用备件进行替换，缩短了维修时间，保证了维修质量，延长了机器的使用寿命，提高了机器的使用效率。

互换性广泛用于机械制造业各类产品的设计和制造，创造了巨大的经济和社会效益。在机械制造中，大量地应用具有互换性的零件，不仅可以大大提高设计与制造的劳动生产率，而且能有效地保证产品的质量，降低成本。因此，零件具有互换性是机械制造中重要的生产原则和有效的技术措施。

1.2 标准化和优先数

1.2.1 标准和标准化

要实现互换性，首先必须采用标准化生产，如果没有标准将产品和技术要求统一起来，就不可能组织互换性生产，因此说标准化是实现互换性生产的技术基础。

1. 标准的定义

标准是指对需要协调统一的重复性事物（如产品、零部件等）和概念（如术语、规则、方法、代号和量值等）所做的统一规定，它是以科学技术和实践经验的综合成果为基础，经协商一致，制定并由公认机构批准的，以特定形式发布的，共同使用和重复使用的一种规范性文件。

2. 标准的分类与分级

按性质不同，标准可分为技术标准、生产组织标准和经济管理标准三类；按使用程度不同，标准可分为基础标准和一般标准，其中基础标准是指在一定范围内作为其他标准的基础，普遍使用并具有广泛指导意义的标准。

标准制定的范围不同，其级别也不一样。我国标准分为国家标准(GB)、地方标准、行业标准和企业标准(QB)四个级别。从世界范围看，还有国际标准(如 ISO)和国际区域性标准(如 IEC)。

3. 标准化的定义与意义

标准化是指在经济、技术、科学及管理等社会实践中，通过对重复性事物和概念通过制定、发布和实施标准达到统一，以获得最佳秩序和社会效益的全部活动过程；也是指制定标准，贯彻标准和修改标准的全过程，是一个系统工程。

标准化的意义在于通过对标准化的实施，以获得最佳的社会经济成效。它是组织现代化大生产的重要手段和必要条件，是实行科学管理的基础，也是对产品设计的基本要求之一，是我国很重要的一项技术政策。

1.2.2 优先数和优先数系

为了保证互换性,就需要合理地确定零件公差,而公差数值标准化的理论基础就是优先数和优先数系。优先数和优先数系是一种科学的、国际统一的数值制度。产品或零件的主要参数按优先数系形成系列,可使产品或零件走上系列化、标准化轨道;用优先数系进行系列设计,便于分析参数间的关系,减少设计计算工作量,还可用较少的品种规格来满足较宽范围的需要,便于各部门、各专业之间的配合。

1. 优先数系

在产品设计和制定技术标准时,涉及很多技术参数,这些技术参数在生产各环节中往往不是孤立的。当选定一个数值作为某种产品的参数指标后,这个数值就会按一定的规律向一切相关的制品、材料等有关参数指标传播扩散。例如螺栓的直径确定后,不仅会传播到螺母的内径上,也会传播到加工这些螺纹的刀具上,传播到检测这些螺纹的量具及装配它们的工具上,这种技术参数的传播性,在生产实际中极为普遍。工程技术上的参数数值,即使只有很小的差别,经过多次传播后,产生的相关参数数值越多,如果随意取值,势必给组织生产、协作配套和设备维修带来很大困难,因此,在生产中,对于各种技术参数,必须从全局出发,按照国家标准选值。

"优先数和优先数系"(GB/T 321—2005)中规定,优先数系是公比为 $\sqrt[5]{10}$、$\sqrt[10]{10}$、$\sqrt[20]{10}$、$\sqrt[40]{10}$ 和 $\sqrt[80]{10}$,且项值中含有 10 的整数幂的几何级数的常用圆整值。优先数系是十进制等比数列,并规定了五个系列,它们分别用系列符号 R5、R10、R20、R40 和 R80 表示,称为 R5 系列、R10 系列、R20 系列、R40 系列和 R80 系列。各系列公比分别为

$R5$ $\qquad q_5 = \sqrt[5]{10} \approx 1.60$

$R10$ $\qquad q_{10} = \sqrt[10]{10} \approx 1.25$

$R20$ $\qquad q_{20} = \sqrt[20]{10} \approx 1.12$

$R40$ $\qquad q_{40} = \sqrt[40]{10} \approx 1.06$

$R80$ $\qquad q_{80} = \sqrt[80]{10} \approx 1.03$

R5、R10、R20 和 R40 四个系列是优先数系中的常用系列,称为基本系列。该系列各项数值如表 1-1 所列。R80 为补充系列,仅用于参数分级很细或基本系列中的优先数不能满足需要的场合。

表 1-1 优先数系的基本系列

基本系列(常用值)				基本系列(常用值)			
R5	R10	R20	R40	R5	R10	R20	R40
1.00	1.00	1.00	1.00				
			1.06				3.35
		1.12	1.12			3.55	3.55
			1.18				3.75
	1.25	1.25	1.25	4.00	4.00	4.00	4.00
			1.32				4.25

续表 1-1

基本系列(常用值)				基本系列(常用值)			
		1.40	1.40			4.50	4.50
			1.50				4.75
1.60	1.60	1.60	1.60		5.00	5.00	5.00
			1.70				5.30
		1.80	1.80			5.60	5.60
			1.90				6.00
	2.00	2.00	2.00	6.30	6.30	6.30	6.30
			2.12				6.70
		2.24	2.24			7.10	7.10
			2.36				7.50
2.50	2.50	2.50	2.50		8.00	8.00	8.00
			2.65				8.50
		2.80	2.80			9.00	9.00
			3.00				9.50
	3.15	3.15	3.15	10.00	10.00	10.00	10.00

2. 优先数

优先数系的五个系列中任一个项值均为优先数。根据圆整的精确度，可分为计算值和常用值。

① 计算值：取五位有效数字，供精确计算用。

② 常用值：经常使用的通常所称的优先数，取三位有效数字。

1.3 本课程的性质与任务

1.3.1 本课程的性质

"公差配合与技术测量基础"是机械类各专业学生必须掌握的一门重要的技术基础课，是联系设计课程与工艺课程的纽带，是从基础课程过渡到专业课程的桥梁。

它以互换性内容为基础，紧紧围绕机械产品零部件的制造误差和公差及其关系，研究零部件的设计、制造精度与技术测量方法，研究如何解决使用要求与制造要求的矛盾。

1.3.2 本课程的任务

(1) 了解国家标准中有关极限与配合方面的基本术语及其定义。

(2) 掌握极限与配合标准的基本规定。

(3) 掌握极限与配合相关的基本计算方法、代号的标注和识读。

(4) 了解几何公差的基本内容。

(5) 掌握几何公差代号的含义和标注方法。

(6) 掌握表面粗糙度符号和代号的标注方法。
(7) 掌握常用计量器具的使用方法。

习　题

1. 什么是互换性？
2. 列举生活中具有互换性的例子。
3. 互换性的分类及其应用场合是什么？
4. 什么是标准和标准化？

第 2 章　极限与配合

【学习目标】
(1) 正确理解孔和轴的定义。
(2) 掌握公称尺寸和极限尺寸的定义。
(3) 掌握尺寸偏差、公差的定义及其与极限尺寸的关系。
(4) 掌握绘制和分析公差带图。
(5) 掌握极限间隙(过盈)和配合公差的计算方法,并且能够区别三类配合之间的不同。
(6) 掌握标准公差和基本偏差的概念。
(7) 掌握配合制的概念并能正确判断配合的性质。
(8) 能够识读配合公差代号。

2.1　基本术语和定义

为了在设计、制造、检验和使用时统一人员的认识,保证互换性原则得以实施,则必须要明确极限与配合的术语和定义,并正确掌握极限与配合标准的应用。

2.1.1　孔和轴的定义

在机械产品中,孔和轴通常指的是由圆柱形的内、外表面所形成的部分,是最普遍的结合形式。但在极限与配合中,孔和轴的定义则更为广泛。

在极限与配合中,孔指工件的圆柱形内尺寸要素,也包括非圆柱形内尺寸要素(由两平行平面或切面形成的包容面),如图 2-1 所示。

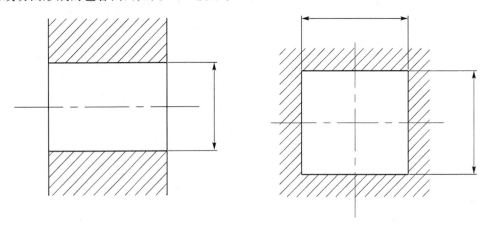

图 2-1　孔

在极限和配合中,轴指工件的圆柱形外尺寸要素,也包括非圆柱形外尺寸要素(由两平行平面或切面形成的被包容面),如图 2-2 所示。

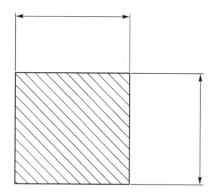

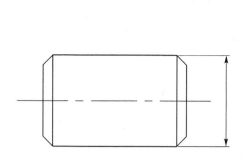

图 2-2 轴

以上定义中提到的包容和被包容是对零件的装配关系而言的,即零件在装配后形成了包容和被包容的关系,将包容面统称为孔,被包容面统称为轴,因此,孔和轴分别具有包容和被包容的功能。如图 2-3 所示 D_1、D_2、D_3 和 D_4 各表面尺寸确定的各组平行平面或切面所形成的包容面都称为孔;d_1、d_2、d_3 和 d_4 各尺寸确定的圆柱形外表面和各组平行平面或切面所形成的被包容面都称为轴。如果两平行平面或切面既不能形成包容面,也不能形成被包容面,则它们既不是孔,也不是轴,而是属于一般长度尺寸,如图 2-3 所示中由 L_1、L_2 和 L_3 各尺寸确定的各组平行平面或切面。从加工制造的过程来看,随着加工余量减少,孔的尺寸越来越大,轴的尺寸越来越小。

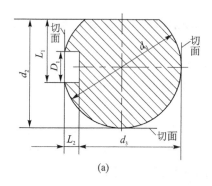
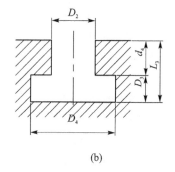

图 2-3 孔和轴

2.1.2 有关要素、尺寸的术语和定义

为使加工后的零件具有互换性,在零件的结构设计过程中就必须要掌握有关尺寸、偏差、公差和配合的基本概念。

1. 要 素

要素是构成零件几何特征的点、线和面。

2. 尺寸要素

尺寸要素是指由一定大小的线性尺寸或角度尺寸确定的几何形状。尺寸要素可以是圆柱形、球形、两平行对应面、圆锥形或楔形等。

3. 尺寸

以特定单位表示线性尺寸值的数值称为尺寸,一般情况下,尺寸只表示长度量(线值),包括深度、高度、宽度、直径、半径及中心距等。尺寸由数值和特定单位两部分组成,比如60 mm、80 μm等,国家标准规定,图样上尺寸数字的特定单位是mm,如果以它为单位时,可省略单位的标注,只标注数值;如果采用其他单位,则必须在数值后注写单位。

4. 公称尺寸

公称尺寸是由图样规范确定的理想形状要素的尺寸,它是设计人员根据零件的使用要求,通过计算、试验或者类比的方法并经过标准化后确定的。在极限与配合中,通过应用上、下极限偏差可由公称尺寸计算出极限尺寸。公称尺寸可以是一个整数值或一个小数值,例如28,8.5等,一般按标准尺寸系列取值,孔直径的公称尺寸用大写字母"D"表示,轴直径的公称尺寸用小写字母"d"表示,如图2-4所示,80 mm是轴长度的公称尺寸,ϕ35 mm是轴直径的公称尺寸。

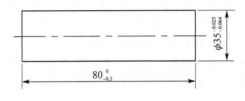

图2-4 公称尺寸

5. 实际(组成)要素

由接近实际(组成)要素所限定的工件实际表面的组成要素部分称为实际(组成)要素。实际(组成)要素尺寸均指提取组成要素的局部尺寸。

6. 提取组成要素

按规定的方法,由实际(组成)要素提取有限数目的点所形成的实际要素的近似替代。

7. 提取组成要素的局部尺寸

提取组成要素的局部尺寸是一切提取组成要素上两对应点之间距离的统称,也就是通过测量所得的尺寸,为了方便起见,也可简称为提取要素的局部尺寸,提取组成要素的局部尺寸并非给定尺寸的真值,而是一个近似真值的尺寸,这里需要注意,由于工件存在形状误差和测量误差,即使是同一表面,不同部位的提取组成要素的局部尺寸也不会完全相同。

8. 极限尺寸

极限尺寸是指尺寸要素允许的尺寸的两个极端。其中,尺寸要素允许的最大尺寸称为上极限尺寸;尺寸要素允许的最小尺寸称为下极限尺寸。极限尺寸是以公称尺寸为基数来确定的,它可以大于、小于或等于公称尺寸。孔的上极限尺寸用D_{max}表示,下极限尺寸用D_{min}表示;轴的上极限尺寸用d_{max}表示,下极限尺寸用d_{min}表示。

零件的提取组成要素的局部尺寸应介于上极限尺寸和下极限尺寸之间,否则零件尺寸不合格,如图2-5所示。

孔的公称尺寸　　　　　　　　$D = \phi 60$ mm

孔的上极限尺寸　　　　　　　$D_{max} = \phi 60.030$ mm

孔的下极限尺寸　　　　　　　$D_{min} = \phi 60$ mm

轴的公称尺寸　　　　　　　　$d = \phi 60$ mm

轴的上极限尺寸 $d_{\max} = \phi 59.990$ mm

轴的下极限尺寸 $d_{\min} = \phi 59.971$ mm

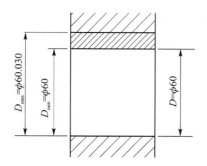
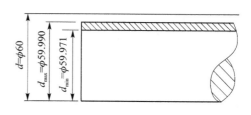

图 2-5 极限尺寸

2.1.3 偏差与尺寸公差

1. 偏 差

某一尺寸减其公称尺寸所得的代数差称为偏差,根据某一尺寸的不同,偏差可分为极限偏差和实际偏差两种。偏差可为正值、负值或零。

2. 极限偏差

极限尺寸减公称尺寸所得的代数差称为极限偏差。因为极限尺寸包括上极限尺寸和下极限尺寸,所以极限偏差就包括上极限偏差和下极限偏差,如图 2-6 所示。

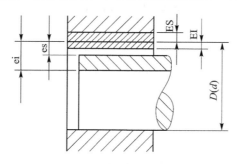

图 2-6 极限偏差

(1) 上极限偏差

上极限尺寸减其公称尺寸所得的代数差称为上极限偏差。孔的上极限偏差代号用字母 ES 表示,轴的上极限偏差代号用字母 es 表示,其公式为

$$\text{ES} = D_{\max} - D \tag{2-1}$$

$$\text{es} = d_{\max} - d \tag{2-2}$$

(2) 下极限偏差

下极限尺寸减其公称尺寸所得的代数差称为下极限偏差。孔的下极限偏差代号用字母 EI 表示;轴的下极限偏差代号用字母 ei 表示,其公式为

$$\text{EI} = D_{\min} - D \tag{2-3}$$

$$\text{ei} = d_{\min} - d \tag{2-4}$$

在标注极限偏差时,上极限偏差标注在公称尺寸的右上方,下极限偏差标注在上极限偏差

的正下方,标注形式是:公称尺寸 上极限偏差下极限偏差。极限偏差尺寸标注时要注意以下几点:

① 上极限偏差数值必须大于下极限偏差数值。

② 如果上、下极限偏差不等于0,那么应该注意标出正负号。

③ 如果上、下极限偏差等于0,那么必须要在相应的位置上标注数字"0",不可省略,并与上极限偏差或下极限偏差的小数点前的个位数对齐,例如 $\phi 45^{+0.039}_{0}$。

④ 若上、下极限偏差数值相等而符号相反,那么应简化标注,例如:$\phi 50 \pm 0.023$。

⑤ 上、下极限偏差小数点必须对齐,小数点后的位数也必须相同(偏差为0时除外)。

3. 实际偏差

提取组成要素的局部尺寸减公称尺寸所得的代数差称为实际偏差。判断加工后零件尺寸合格性的条件是:合格零件的实际偏差应在规定的上、下极限偏差之间。

【例 2-1】 如图2-7所示,此零件轴的公称尺寸为 $\phi 40$ mm,上极限尺寸是 $\phi 40.042$ mm,下极限尺寸是 $\phi 40.017$ mm,求轴的上极限偏差和下极限偏差。

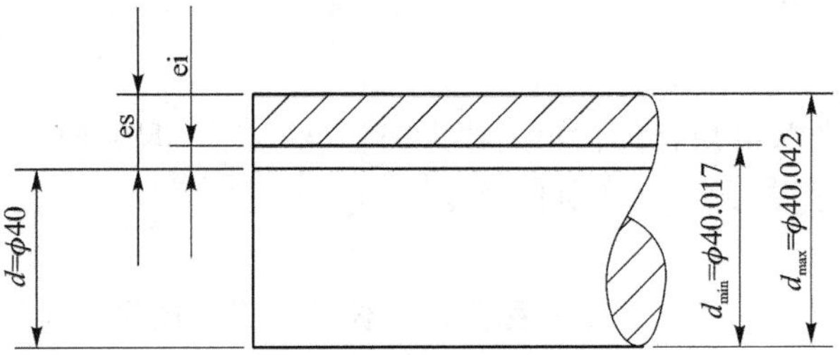

图 2-7 计算极限偏差

【解】

由公式(2-2)和(2-4)可得

轴的上极限偏差 $es = d_{max} - d = 40.042 \text{ mm} - 40 \text{ mm} = +0.042 \text{ mm}$

轴的下极限偏差 $ei = d_{min} - d = 40.017 \text{ mm} - 40 \text{ mm} = +0.017 \text{ mm}$

【例题 2-2】 如图2-8所示,计算孔 $\phi 90^{+0.016}_{-0.038}$ mm 的极限尺寸。

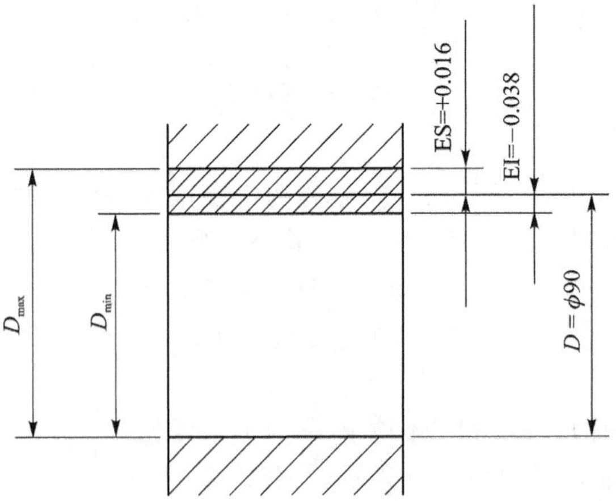

图 2-8 计算极限尺寸

【解】

由公式(2-1)和(2-3)可得

$$D_{\max} = D + ES = 90 \text{ mm} + 0.016 \text{ mm} = 90.016 \text{ mm}$$
$$D_{\min} = D + EI = 90 \text{ mm} + (-0.038) \text{ mm} = 89.962 \text{ mm}$$

4. 尺寸公差

上极限尺寸减下极限尺寸之差，或上极限偏差减下极限偏差之差称为尺寸公差，简称公差。

公差是允许尺寸的变动量，不能通过测量得到，它是一个没有符号的绝对值，因此在公差值的前面不应出现"+"或"-"号。从加工的角度看，公称尺寸相同的零件，公差值越大，其要求的加工精度越低，加工就越容易；反之加工就越困难。

孔的公差用字母 T_h 表示，如图 2-9 所示；轴的公差用字母 T_s 表示，如图 2-10 所示，两种公差公式为

$$T_h = |D_{\max} - D_{\min}| = |ES - EI| \tag{2-5}$$
$$T_s = |d_{\max} - d_{\min}| = |es - ei| \tag{2-6}$$

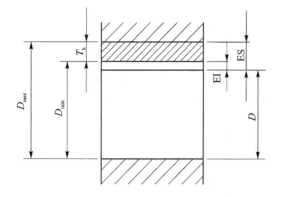

图 2-9 孔的尺寸公差

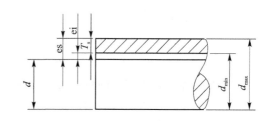

图 2-10 轴的尺寸公差

【例 2-3】 如图 2-11 所示，计算轴 $\phi 50^{+0.028}_{+0.017}$ mm 的尺寸公差。

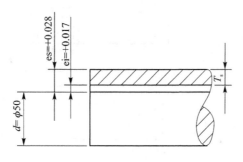

图 2-11 计算尺寸公差

【解】

第一种计算方法，由式(2-6)可得轴的尺寸公差

$$T_s = |es - ei| = |0.028 \text{ mm} - 0.017 \text{ mm}| = 0.011 \text{ mm}$$

第二种计算方法，由式(2-2)和(2-4)可得

$$d_{\max} = d + \text{es} = 50 \text{ mm} + 0.028 \text{ mm} = 50.028 \text{ mm}$$
$$d_{\min} = d + \text{ei} = 50 \text{ mm} + 0.017 \text{ mm} = 50.017 \text{ mm}$$

再由公式(2-6)可得轴的尺寸公差

$$T_s = |d_{\max} - d_{\min}| = |48.028 \text{ mm} - 48.017 \text{ mm}| = 0.011 \text{ mm}$$

2.1.4 零线与公差带

为了能清楚、直观地表示两个相互结合的孔和轴的公称尺寸、极限偏差、极限尺寸和公差之间的关系,一般采用极限与配合示意图,如图2-12所示。这种示意图是把公差和极限偏差的部分放大画出来而尺寸不放大画出来。

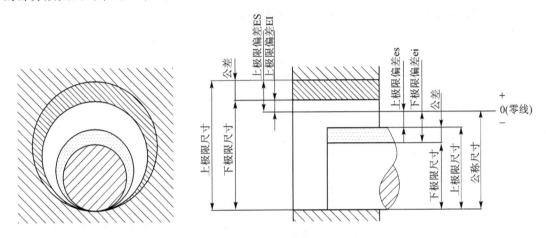

图2-12 极限与配合示意图

由于公差和极限偏差的数值与尺寸数值相比较,差别很大,不便用同一比例尺表示,所以在实际应用中可不画出孔和轴的全形,只需按规定将有关公差部分放大画出即可,这种图也称为公差带图,如图2-13所示。公差带图由零线和公差带组成,公称尺寸通常用毫米(mm)表示,偏差和公差用微米(μm)表示,均可省略写单位。

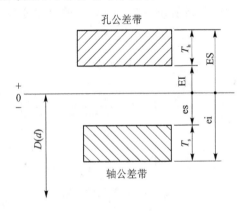

图2-13 公差带图

1. 零　线

在极限与配合图解中,表示公称尺寸的一条直线称为零线,以零线为基准确定偏差和公差。通常,零线沿水平方向绘制,正偏差位于其上,负偏差位于其下,零偏差和零线重合。

2. 公差带

在公差带图中,由代表上极限偏差和下极限偏差或上极限尺寸和下极限尺寸的两条直线所限定的区域,称为公差带。

公差带包括公差带大小和公差带位置两个参数。公差带大小是指公差带沿垂直于零线方向的宽度,取决于公差数值的大小。公差带位置是指公差带相对零线的位置,由靠近零线的那个基本偏差来确定。画公差带图时,要注意孔和轴公差带剖面线的方向,在同一图中,孔和轴公差带剖面线的方向应该相反。

【例 2-4】 绘制出孔 $\phi 30^{+0.033}_{0}$ mm 和轴 $\phi 30^{-0.020}_{-0.041}$ mm 的公差带图。

【解】

① 画零线:沿水平方向绘制一条直线,并标注出数字"0"和"+""-"号,在直线的左下角方向作单向箭头的尺寸线并标注出公称尺寸 $\phi 30$ mm。

② 画孔的上、下极限偏差线:首先根据偏差值大小选择适当的作图比例,如本题中采用的比例是 500∶1,那么题中孔的上极限偏差为+0.033 mm,则放大后的数值为 16.5 mm,在零线上方 16.5 mm 处画上极限偏差线;因为孔的下极限偏差为 0,所以下极限偏差线与零线重合。

③ 画轴的上、下极限偏差线:同样此时选取的作图比例是 500∶1,题中轴的上极限偏差为 -0.020 mm,则放大后的数值为 10 mm,在零线下方 10 mm 处画上极限偏差线;轴的下极限偏差为 -0.041 mm,则放大后的数值为 20.5 mm,在零线下方 20.5 mm 处画下极限偏差线。

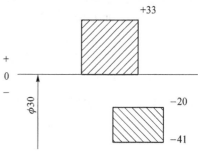

图 2-14 尺寸公差带图

④ 在孔和轴的上、下极限偏差线的左右两侧分别画垂直于偏差线的线段,也就是将孔和轴的公差带封闭成矩形之后在孔和轴的公差带内分别画剖面线,并在矩形的右上角和右下角的位置分别标注出孔和轴的上、下偏差值。如图 2-14 所示是本题的尺寸公差带图。

2.1.5 配 合

1. 配合的基本概念

(1) 配 合 配合是指公称尺寸相同并且相互结合的孔和轴公差带之间的关系。

(2) 间隙与过盈 孔的尺寸减去相配合的轴的尺寸之差为正时是间隙,如图 2-15 所示。一般用 X 表示,其数值前应标"+"号。

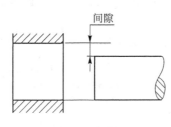

图 2-15 间 隙

孔的尺寸减去相配合的轴的尺寸之差为负时是过盈,如图 2-16 所示。一般用 Y 表示,其数值前应标"一"号。

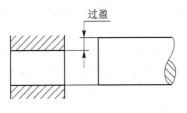

图 2-16 过 盈

2. 配合的类别

根据孔和轴公差带相对位置关系的不同,可把配合分成三类:

(1)间隙配合　间隙配合是指具有间隙(包括最小间隙等于零)的配合,此时,孔的公差带在轴的公差带之上,如图 2-17 所示。

因为孔和轴的提取组成要素的局部尺寸允许在上极限尺寸和下极限尺寸之间变动,所以配合后形成的实际间隙也是变动的。在间隙配合中,当孔为上极限尺寸而与其相配合的轴为下极限尺寸时,配合处于最松状态,此时的间隙称为最大间隙,用 X_{max} 表示;当孔为下极限尺寸而与其相配合的轴为上极限尺寸时,配合处于最紧状态,此时的间隙称为最小间隙,用 X_{min} 表示。最大间隙和最小间隙的计算公式为

$$X_{max} = D_{max} - d_{min} = (D+ES) - (d+ei) = ES - ei \qquad (2-7)$$

$$X_{min} = D_{min} - d_{max} = (D+EI) - (d+es) = EI - es \qquad (2-8)$$

最大间隙和最小间隙统称为极限间隙,它表示间隙配合中允许间隙变动的两个界限值,孔和轴装配后的实际间隙在最大间隙和最小间隙之间。

间隙配合中,当孔的下极限尺寸等于轴的上极限尺寸时,最小间隙等于零,称为零间隙。

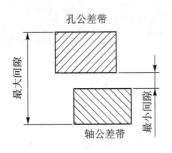 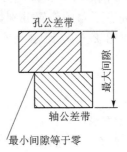

图 2-17 间隙配合

【**例 2-5**】　计算孔 $\phi 45^{+0.039}_{0}$ mm 和轴 $\phi 45^{-0.025}_{-0.050}$ mm 配合的极限间隙。

【**解**】

如图 2-18 所示为此孔和轴的公差带图,此孔和轴的配合为间隙配合,根据式(2-7)和式(2-8)可得

$$X_{max} = ES - ei = +0.039 \text{ mm} - (-0.050) \text{ mm} = +0.089 \text{ mm}$$

$$X_{min} = EI - es = 0 \text{ mm} - (-0.025) \text{ mm} = +0.025 \text{ mm}$$

(2)过盈配合　过盈配合是指具有过盈(包括最小过盈等于零)的配合,此时,孔的公差带

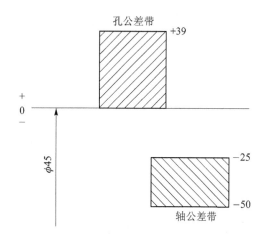

图 2-18 间隙配合示例

在轴的公差带之下,如图 2-19 所示。

因为孔和轴的提取组成要素的局部尺寸允许在上极限尺寸和下极限尺寸之间变动,所以配合后形成的实际过盈也是变动的。在过盈配合中,当孔为下极限尺寸而与其相配合的轴为上极限尺寸时,配合处于最紧状态,此时的过盈称为最大过盈,用 Y_{max} 表示;当孔为上极限尺寸而与其相配合的轴为下极限尺寸时,配合处于最松状态,此时的过盈称为最小过盈,用 Y_{min} 表示。最大过盈和最小过盈的计算公式为

$$Y_{max} = D_{min} - d_{max} = (D+EI) - (d+es) = EI - es \qquad (2-9)$$

$$Y_{min} = D_{max} - d_{min} = (D+ES) - (d+ei) = ES - ei \qquad (2-10)$$

最大过盈和最小过盈统称为极限过盈,它表示过盈配合中允许过盈变动的两个界限值,孔和轴装配后的实际过盈在最大过盈和最小过盈之间。

过盈配合中,当孔的上极限尺寸等于轴的下极限尺寸时,最小过盈等于零,称为零过盈。

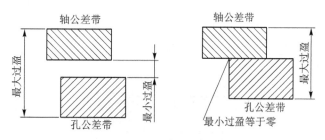

图 2-19 过盈配合

【例 2-6】 计算孔 $\phi 10^{+0.015}_{0}$ mm 和轴 $\phi 10^{+0.037}_{+0.028}$ mm 配合的极限过盈。

【解】
如图 2-20 所示是此孔和轴的公差带图,此孔和轴的配合为过盈配合,根据式(2-9)和式(2-10)可得

$$Y_{max} = EI - es = 0 \text{ mm} - (+0.037) \text{ mm} = -0.037 \text{ mm}$$

$$Y_{min} = ES - ei = +0.015 \text{ mm} - (+0.028) \text{ mm} = -0.013 \text{ mm}$$

(3) 过渡配合 过渡配合是指可能具有间隙或过盈的配合,此时孔的公差带与轴的公差带相互交叠,如图 2-21 所示。

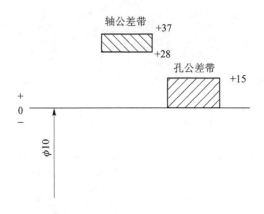

图 2-20 过盈配合示例

因为孔和轴的提取组成要素的局部尺寸允许在上极限尺寸和下极限尺寸之间变动,所以在过渡配合中,孔的尺寸大于轴的尺寸时形成间隙;反之形成过盈。当孔为上极限尺寸而与其相配合的轴为下极限尺寸时,配合处于最松状态,此时的间隙称为最大间隙;当孔为下极限尺寸而与其相配合的轴为上极限尺寸时,配合处于最紧状态,此时的过盈称为最大过盈。最大间隙和最大过盈的计算公式为

$$X_{max} = D_{max} - d_{min} = (D+ES) - (d+ei) = ES - ei$$
$$Y_{max} = D_{min} - d_{max} = (D+EI) - (d+es) = EI - es$$

过渡配合中可能会出现孔的尺寸减去轴的尺寸等于零的情况,此时这个零值称为零间隙或是零过盈,但它不能代表过渡配合的性质特征,代表过渡配合松紧程度的特征值是最大间隙或最大过盈。

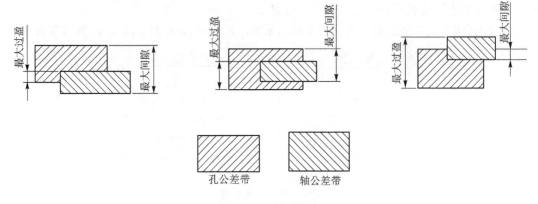

图 2-21 过渡配合

【例 2-7】 当孔 $\phi 70^{+0.030}_{0}$ mm 和轴 $\phi 70^{+0.039}_{+0.020}$ mm 相配合,试判断配合类型,并计算其极限间隙或极限过盈。

【解】

如图 2-22 所示为此孔和轴的公差带图,此孔和轴的配合为过渡配合,根据式(2-7)和式(2-9)可得

$$X_{max} = ES - ei = +0.030 \text{ mm} - (+0.020) \text{ mm} = +0.010 \text{ mm}$$
$$Y_{max} = EI - es = 0 \text{ mm} - (+0.039) \text{ mm} = -0.039 \text{ mm}$$

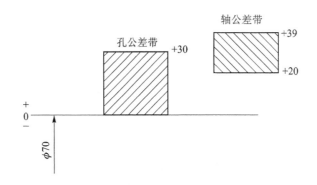

图 2-22 过渡配合示例

3. 配合公差

配合公差是指组成配合的孔与轴的公差之和,它是允许间隙或过盈的变动量,配合公差是一个没有符号的绝对值,用 T_f 表示。

配合公差越大,配合后的松紧程度越大,即配合的一致性差,配合精度低;配合公差越小,配合后的松紧差别程度也越小,即配合的一致性好,配合精度高。

对于间隙配合,配合公差等于最大间隙减去最小间隙差值的绝对值;对于过盈配合,配合公差等于最小过盈减去最大过盈差值的绝对值;对于过渡配合,配合公差等于最大间隙减去最大过盈差值的绝对值。其公式为

间隙配合 $\quad\quad\quad\quad T_f = |X_{\max} - X_{\min}| \quad\quad\quad\quad (2-11)$

过盈配合 $\quad\quad\quad\quad T_f = |Y_{\min} - Y_{\max}| \quad\quad\quad\quad (2-12)$

过渡配合 $\quad\quad\quad\quad T_f = |X_{\max} - Y_{\max}| \quad\quad\quad\quad (2-13)$

将式(2-11)、式(2-12)和式(2-13)中的极限间隙和极限过盈用孔和轴的极限尺寸分别代入,可得

$$T_f = T_h + T_s \quad\quad\quad\quad (2-14)$$

【例 2-8】 当孔 $\phi 65^{+0.030}_{\ 0}$ mm 和轴 $\phi 65^{-0.010}_{-0.029}$ mm 相配合,试判断配合类型,并计算其极限间隙或极限过盈及配合公差。

【解】

如图 2-23 所示为此孔和轴的公差带图,此孔和轴的配合为间隙配合,根据式(2-7)和式(2-8)可得

$$X_{\max} = \text{ES} - \text{ei} = +0.030 \text{ mm} - (-0.029) \text{ mm} = +0.059 \text{ mm}$$

$$X_{\min} = \text{EI} - \text{es} = 0 \text{ mm} - (-0.010) \text{ mm} = +0.010 \text{ mm}$$

再根据式(2-11)可得

$$T_f = |X_{\max} - X_{\min}| = |(+0.059) \text{ mm} - (+0.010) \text{ mm}| = 0.049 \text{ mm}$$

根据上述内容,配合性质可有如下三种判断方法。

① 根据极限偏差的大小进行判断:当 EI≥es 时,为间隙配合;当 ES≤ei 时,为过盈配合;当以上两条都不成立时,为过渡配合。

② 根据极限尺寸的大小进行判断:当 $D_{\min} \geqslant d_{\max}$ 时,为间隙配合;当 $D_{\max} \leqslant d_{\min}$ 时,为过盈配合;当以上两项不成立时,为过渡配合。

③ 根据公差带图进行判断:当孔的公差带在轴的公差带之上(含孔的下极限偏差等于轴的

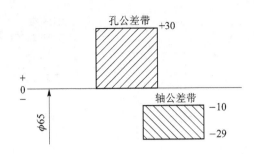

图 2-23 计算配合公差示例

上极限偏差的情况)时为间隙配合;当孔的公差带在轴的公差带之下(含孔的上极限偏差等于轴的下极限偏差的情况)时为过盈配合;当孔的公差带与轴的公差带相互交叠时为过渡配合。

2.2 极限与配合标准的基本规定

互换性能满足各种产品的使用要求,公差与配合标准对于形成的各种配合公差带进行了标准化,其中,标准公差系列确定了公差带的大小,基本偏差系列确定了公差的位置,两者的结合构成了不同的孔、轴公差带,而孔、轴公差带之间不同的相互关系形成了不同的配合。

2.2.1 标准公差

标准公差(IT)是指标准极限与配合制中所规定的任一公差,字母 IT 为"国际公差"的英文缩略语。标准公差系列是由若干标准公差所组成的系列,它以表格的形式列出,称为标准公差数值表。表 2-1 所列是公称尺寸至 3150 mm 的标准公差数值。从表中可看出,标准公差数值由公称尺寸和标准公差等级决定。IT01 和 IT0 在工业上很少用到,其数值如表 2-2 所列。在实际应用时,只要选定了公差等级,就可以用查表法确定标准公差数值。

表 2-1 标准公差数值

公称尺寸/mm		标准公差等级																	
		IT1	IT2	IT3	IT4	IT5	IT6	IT7	IT8	IT9	IT10	IT11	IT12	IT13	IT14	IT15	IT16	IT17	IT18
大于	至	μm											mm						
—	3	0.8	1.2	2	3	4	6	10	14	25	40	60	0.1	0.14	0.25	0.4	0.6	1	1.44
3	6	1	1.5	2.5	4	5	8	12	18	30	48	75	0.12	0.18	0.3	0.48	0.75	1.2	1.8
6	10	1	1.5	2.5	4	6	9	15	22	36	58	90	0.15	0.22	0.36	0.58	0.9	1.5	2.2
10	18	1.2	2	3	5	8	11	18	27	43	70	110	0.18	0.27	0.43	0.7	1.1	1.8	2.7
18	30	1.5	2.5	4	6	9	13	21	33	52	84	130	0.21	0.33	0.52	0.84	1.3	2.1	3.3
30	50	1.5	2.5	4	7	11	16	25	39	62	100	160	0.25	0.39	0.62	1	1.6	2.5	3.9
50	80	2	3	5	8	13	19	30	46	74	120	190	0.3	0.46	0.74	1.2	1.9	3	4.6
80	120	2.5	4	6	10	15	22	35	54	87	140	220	0.35	0.54	0.87	1.4	2.2	3.5	5.4
120	180	3.5	5	8	12	18	25	40	63	100	160	250	0.4	0.63	1	1.6	2.5	4	6.3
180	250	4.5	7	10	14	20	29	46	72	115	185	290	0.46	0.72	1.15	1.85	2.9	4.6	7.2

续表 2-1

公称尺寸/mm		标准公差等级																	
		IT1	IT2	IT3	IT4	IT5	IT6	IT7	IT8	IT9	IT10	IT11	IT12	IT13	IT14	IT15	IT16	IT17	IT18
大于	至	μm											mm						
250	315	6	8	12	16	23	32	52	81	130	210	320	0.52	0.81	1.3	2.1	3.2	5.2	8.1
315	400	7	9	13	18	25	36	57	89	140	230	360	0.57	0.89	1.4	2.3	3.6	5.7	8.9
400	500	8	10	15	20	27	40	63	97	155	250	400	0.63	0.97	1.55	2.5	4	6.3	9.7
500	630	9	11	16	22	32	44	70	110	175	280	440	0.7	1.1	1.75	2.8	4.4	7	11
630	800	10	13	18	25	36	50	80	125	200	320	500	0.8	1.25	2	3.2	5	8	12.5
800	1 000	11	15	21	28	40	56	90	140	230	360	560	0.9	1.4	2.3	3.6	5.6	9	14
1 000	1 250	13	18	24	33	47	66	105	165	260	420	660	1.05	1.65	2.6	4.2	6.6	10.5	16.5
1 250	1 600	15	21	29	39	55	78	125	195	310	500	780	1.25	1.95	3.1	5	7.8	12.5	19.5
1 600	2 000	18	25	35	46	65	92	150	230	370	600	920	1.5	2.3	3.7	6	9.2	15	23
2 000	2 500	22	30	41	55	78	110	175	280	440	700	1 100	1.75	2.8	4.4	7	11	17.5	28
2 500	3 150	26	36	50	68	96	135	210	330	540	860	1 350	2.1	3.3	5.4	8.6	13.5	21	33

注:1. 公称尺寸大于 500 mm 的 IT1 至 IT5 的标准公差数值为试行。
　　2. 公称尺寸小于 1 mm 时,无 IT4 至 IT18。

表 2-2　IT01 和 IT0 标准公差数值

公称尺寸/mm		标准公差等级		公称尺寸/mm		标准公差等级	
		IT01	IT0			IT01	IT0
大于	至	公差/μm		大于	至	公差/μm	
—	3	0.3	0.5	80	120	1	1.5
3	6	0.4	0.6	120	180	1.2	2
6	10	0.4	0.6	180	250	2	3
10	18	0.5	0.8	250	315	2.5	4
18	30	0.6	1	315	400	3	5
30	50	0.6	1	400	500	4	6
50	80	0.8	1.2				

1. 标准公差等级

确定尺寸精确程度的等级称为公差等级。在标准极限与配合制中,同一公差等级所对应的公称尺寸的一组公差被认为具有同等精确程度。

标准公差等级代号用字母 IT 加阿拉伯数字表示。其中,IT 表示标准公差,阿拉伯数字表示标准公差等级数。标准规定,标准公差设置了 20 个公差等级,代号依次为 IT01,IT0,IT1,IT2,…,IT18,如图 2-24 所示,其中 IT01 精度最高,其余依次降低,IT18 精度最低。

2. 公称尺寸分段

在确定标准公差数值时,每一个公称尺寸都可计算出一个相应的公差值,但是在生产实践过程中的公称尺寸很多,会形成一个非常庞大的公差数值表,给生产带来困难,因此为了减少公差数目,简化表格,便于实现标准化,国家标准对公称尺寸进行了分段,即在同一标准公差等

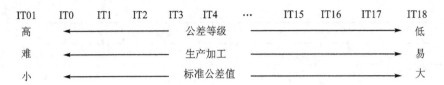

图 2-24 公差等级示意图

级下,同一尺寸段内所有公称尺寸,规定了相同的标准公差值,表 2-3 是对公称尺寸至 3 150 mm 的公差数值进行的分段,该表中将公称尺寸分段分为主段落和中间段落,主段落用于标准公差中的公称尺寸分段,如表 2-1 和表 2-2 所列;中间段落用于基本偏差中的基本尺寸分段,见附表一和附表二。

表 2-3 公称尺寸分段

主段落		中间段落		主段落		中间段落	
大于	至	大于	至	大于	至	大于	至
—	3	无细分段		315	400	315	355
3	6						
6	10					355	400
10	18	10	14	400	500	400	450
		14	18			450	500
18	30	18	24	500	630	500	560
		24	30			560	630
30	50	30	40	630	800	630	710
		40	50			710	800
50	80	50	65	800	1 000	800	900
		65	80			900	1 000
80	120	80	100	1 000	1 250	1 000	1 120
		100	120			1 120	1 250
120	180	120	140	1 250	1 600	1 250	1 400
		140	160			1 400	1 600
		160	180	1 600	2 000	1 600	1 800
						1 800	2 000
180	250	180	200	2 000	2 500	2 000	2 240
		200	225			2 240	2 500
		225	250				
250	315	250	280	2 500	3 150	2 500	2 800
		280	315			2 800	3 150

2.2.2 基本偏差

1. 基本偏差代号及特点

(1) 基本偏差 在标准极限与配合制中,基本偏差是指确定公差带相对零线位置的那个极限偏差。它可以是上极限偏差,也可以是下极限偏差,一般为靠近零线的那个偏差,如图 2-25 所示。

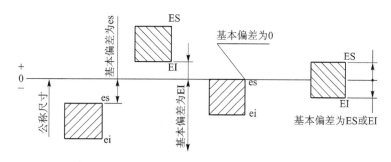

图 2-25　基本偏差

如图 2-25 所示,当公差带在零线以下时,基本偏差为上极限偏差;当公差带在零线以上时,基本偏差为下极限偏差;当公差带的某一偏差为 0 时,此偏差就为基本偏差;如果公差带相对于零线是完全对称的,则基本偏差可为上极限偏差或者下极限偏差,但需注意的是一个尺寸公差带只能规定其中一个为基本偏差。

(2) 基本偏差代号　基本偏差代号用拉丁字母表示,大写字母为孔的基本偏差,小写字母为轴的基本偏差。在 26 个字母中,去掉容易与其他含义混淆的 5 个字母,包括 I、L、O、Q、W(i、l、o、q、w),而增加 7 个双写字母,包括 CD、EF、FG、JS、ZA、ZB、ZC(cd、ef、fg、js、za、zb、zc),共组成 28 个代号,如表 2-4 所列。

表 2-4　孔和轴的基本偏差代号

孔	A	B	C	D	E	F	G	H	J	K	M	N	P	R	S	T	U	V	X	Y	Z			
			CD		EF	FG			JS													ZA	ZB	ZC
轴	a	b	c	d	e	f	g	h	j	k	m	n	p	r	s	t	u	v	x	y	z			
			cd		ef	fg			js													za	zb	zc

2. 基本偏差系列图

如图 2-26 所示为基本偏差系列图,它表示公称尺寸相同的 28 种孔、轴的基本偏差相对零线的位置关系,此图中只画了靠近零线的一端,另一端是开口的,开口端的极限偏差由标准公差确定,所以这个图只表示公差带位置,不表示公差带大小。

① 同字母的孔或轴的基本偏差相对零线基本呈对称分布,对于轴的基本偏差,从 a~h 的基本偏差为上极限偏差 es,其绝对值依次逐渐减小,j~zc 为下极限偏差 ei(除 j 和 k 外),为正值,其绝对值依次逐渐增大;对于孔的基本偏差,从 A~H 的基本偏差为下极限偏差 EI,从 J~ZC 为上极限偏差 ES,其正负号情况与轴的基本偏差正好相反。

② 基本偏差系列值中的 H 和 h 的基本偏差均为 0,即 H 的下极限偏差 EI=0,h 的上极限偏差 es=0。

③ 由 JS 和 js 组成的公差带,在各标准公差等级中都对称于零线,基本偏差可为上极限偏差(+IT/2),也可为下极限偏差(-IT/2)。J 和 j 是近似对称的基本偏差代号,孔仅保留了 J6、J7、J8 三种,基本偏差为上极限偏差;轴仅保留了 j5、j6、j7、j8 四种,其基本偏差为下极限偏差。J 和 j 已逐渐被 JS 和 js 代替,因此,在基本偏差系列中将 J 和 j 放在 JS 和 js 的位置上。

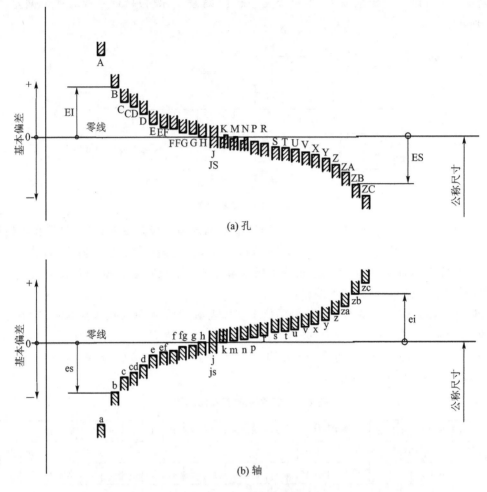

图 2-26 基本偏差系列图

④ 基本偏差的大小原则上与标准公差等级无关,只有少数基本偏差(J,j,K,k,M,N,P~ZC)的数值随公差等级变化。

2.2.3 公差带

1. 公差带组成及公差带系列

孔和轴的公差带代号由基本偏差代号和标准公差等级代号中的数字组成,例如 H8、D9 为孔公差带代号;s6、f7 为轴公差带代号。

根据国家标准规定,标准公差等级有 20 级,基本偏差代号有 28 个,所以它们的组成就会有很多种公差带,其中,孔有 543 种,轴有 544 种,然后孔的公差带和轴的公差带又能组合成更大数量的配合。在实际生产中,如果使用这么多数量的公差带,既发挥不了标准化应有的作用,也不利于生产,从经济性出发,为避免刀具、量具的品种、规格不必要的繁杂,国家标准对公差带的选择多次加以限制。

国家标准对公称尺寸至 500 mm 的孔和轴规定了一般用途、常用和优先三类公差带。轴的一般用途公差带有 116 种,其中有 59 种常用公差带,见图中用框框住的公差带;常用公差带中又有 13 种优先公差带，见图中用圆圈住的公差带，如图 2－27 所示；公称尺寸大于 500 mm 至 3 150 mm 的轴的一般公差带规定了 41 种，如图 2－28 所示。

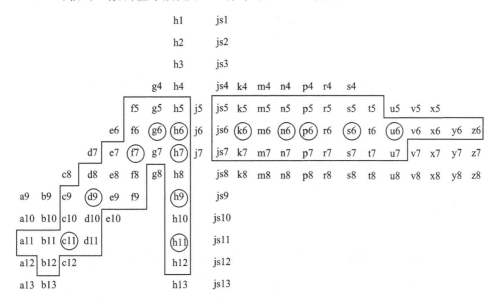

图 2－27　公称尺寸至 500 mm 的轴的一般用途、常用和优先公差带

			g6	h6	js6	k6	m6	n6	p6	r6	s6	t6	u6
		f7	g7	h7	js7	k7	m7	n7	p7	r7	s7	t7	u7
d8	e8	f8		h8	js8								
d9	e9	f9		h9	js9								
d10				h10	js10								
d11				h11	js11								
				h12	js12								

图 2－28　公称尺寸大于 500 mm 至 3 150 mm 的轴的常用公差带

孔的一般用途公差带有 105 种，其中有 44 种常用公差带，见图中用框框住的公差带；常用公差带中又有 13 种优先公差带，见图中用圆圈住的公差带，如图 2－29 所示；公称尺寸大于 500 mm 至 3 150 mm 的孔的常用公差带规定了 31 种，如图 2－30 所示。

在实际的生产应用中，公差带选择的顺序是：首先选择优先公差带，其次是常用公差带，最后选择一般公差带。

2. 标注尺寸公差的方法

在图样上标注尺寸公差时有三种方式，如图 2－31 所示。

① 第一种是用公称尺寸和公差带代号表示，如：$\phi 25f6$。

② 第二种是用公称尺寸和极限偏差值表示，如：$\phi 25^{-0.020}_{-0.033}$。

③ 第三种是用公称尺寸、公差带代号和极限偏差值表示，如：$\phi 25f6(^{-0.020}_{-0.033})$。

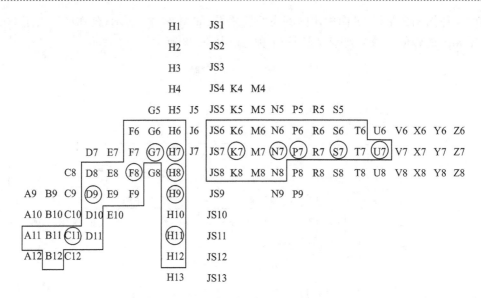

图 2－29　公称尺寸至 500 mm 的孔的一般用途、常用和优先公差带

			G6	H6	JS6	K6	M6	N6
		F7	G7	H7	JS7	K7	M7	N7
D8	E8	F8		H8	JS8			
D9	E9	F9		H9	JS9			
D10				H10	JS10			
D11				H11	JS11			
				H12	JS12			

图 2－30　公称尺寸大于 500 mm 至 3 150 mm 的孔的常用公差带

2.2.4　基本偏差数值的确定

基本偏差确定了公差带的位置，国家标准对孔和轴各规定了 28 种基本偏差，国家标准中列出了轴的基本偏差数值表（附表一）和孔的基本偏差数值表（附表二），通过两张表可以确定公差带中的一个极限偏差。

在查表时须注意以下几点：

① 基本偏差代号有大、小写之分，大写时查孔的基本偏差数值表，小写时查轴的基本偏差数值表。

② 查公称尺寸时，注意处于公称尺寸段界限位置上的公称尺寸该属于哪个尺寸段。

③ 代号 j、k、J、K、M、N、P～ZC 的基本偏差数值与公差等级有关，查表时应结合基本偏差代号和公差等级查表中相应的列。

2.2.5　另一极限偏差的确定

确定了公差带中的一个极限偏差后，另一极限偏差数值可由极限偏差和标准公差的关系

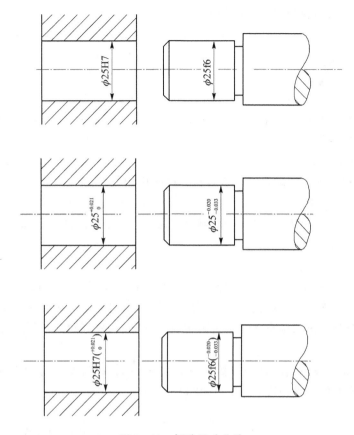

图 2-31 标注尺寸公差

式得到,见式(2-15)和式(2-16)。

孔 $\quad EI = ES - IT$ 或 $ES = EI + IT \quad (2-15)$

轴 $\quad ei = es - IT$ 或 $es = ei + IT \quad (2-16)$

【例 2-9】 使用标准公差数值表和基本偏差数值表,计算 $\phi120D9$ 的另一极限偏差值。

【解】

$\phi120D9$ 代表孔,从附表二查到 D 的基本偏差为下极限偏差,其数值为

$$EI = +120 \ \mu m = +0.120 \ mm$$

从表 2-1 中可查到标准公差数值为

$$IT9 = 87 \mu m = 0.087 \ mm$$

代入公式(2-17)可得到另一极限偏差为

$$ES = EI + IT = +0.120 \ mm + 0.087 \ mm = +0.207 \ mm$$

【例 2-10】 使用标准公差数值表和基本偏差数值表,计算 $\phi25g6$ 的另一极限偏差值。

【解】

$\phi25g6$ 代表轴,从附表一查到 g 的基本偏差为上极限偏差,其数值为

$$es = -7 \mu m = -0.007 \ mm$$

从表 2-1 中可查到标准公差数值为

$$IT6 = 13 \ \mu m = 0.013 \ mm$$

代入公式(2-18)可得到另一极限偏差为

$$ei = es - IT = -0.007 \text{ mm} - 0.013 \text{ mm} = -0.020 \text{ mm}$$

2.2.6 极限偏差表

用上述方法确定孔或轴极限偏差比较麻烦,因此,国家标准将经过大量繁杂计算后的结果汇总起来,形成了轴的极限偏差表(附表三)和孔的极限偏差表(附表四),通过查极限偏差表可以快速地确定孔或轴的极限偏差数值。

查表的步骤和方法:
① 根据基本偏差的代号确定是查孔(或轴)的极限偏差表。
② 在极限偏差表中找到基本偏差代号,再从基本偏差代号下找到公差等级数字所在的列。
③ 根据公称尺寸段找到其所在的行,则行和列的相交处,就是所要查的极限偏差数值。

2.2.7 配 合

在生产中,需要各种不同性质的配合,为了设计和制造上的方便,可以把其中孔的公差带(或轴的公差带)位置固定,用改变轴的公差带(或孔的公差带)位置来形成所需要的各种配合,这种制度称为配合制。国家标准规定了两种配合制:基孔制配合和基轴制配合。

1. 配合制

(1)基轴制配合 基轴制配合是指基本偏差为一定的轴的公差带,与不同基本偏差的孔的公差带形成各种配合的一种制度,如图2-32所示。

基轴制配合的特点:

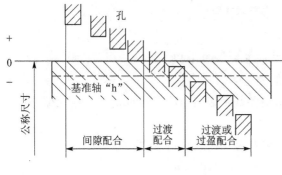

图 2-32 基轴制配合

① 基轴制中选作基准的轴称为基准轴,代号为"h"。
② 基准轴以上偏差作为基本偏差,数值为0,下偏差为负值,其公差带位于零线及下方。
③ 基准轴的上极限尺寸等于公称尺寸。
④ 基轴制配合中的孔是非基准件,由于孔的公差带相对零线可有不同的位置,所以通过改变孔的公差可以形成各种不同性质的配合。

(2)基孔制配合 基孔制配合是指基本偏差为一定的孔的公差带,与不同基本偏差的轴的公差带形成各种配合的一种制度,如图2-33所示。

基孔制配合的特点:
① 基孔制中选作基准的孔称为基准孔,代号为"H"。
② 基准孔以下偏差作为基本偏差,数值为0,上偏差为正值,其公差带位于零线及上方。
③ 基准孔的下极限尺寸等于公称尺寸。
④ 基孔制配合中的轴是非基准件,由于轴的公差带相对零线可有不同的位置,所以通过改变轴的公差可以形成各种不同性质的配合。

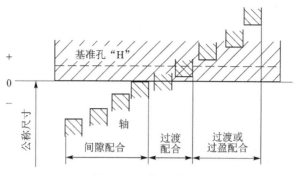

图 2-33　基孔制配合

2. 配合代号

国标规定,配合的代号用孔或轴公差带代号的组合来表示,并写成分数形式,分子为孔的公差带代号,分母为轴的公差带代号。在图样上标注时,配合代号标注在公称尺寸之后,如 $\phi50H8/f7$ 或 $\phi50\dfrac{H8}{f7}$,其含义是:公称尺寸为 $\phi50$ mm,孔的公差带代号为 H8,轴的公差带代号为 f7,为基孔制间隙配合。

3. 配合系列

任意孔的公差带和任意轴的公差带都能相互配合,配合的数目非常庞大,不利于实际生产的需要,因此,国家标准根据我国生产的实际需要,对配合的数目进行了限制。国家标准在公称尺寸至 500 mm 的范围内,对基孔制规定了 59 种常用配合,对基轴制规定了 47 种常用配合,在常用配合中又对基孔制和基轴制各规定了 13 种优先配合。基孔制的优先和常用配合如表 2-5 所列;基轴制的优先和常用配合如表 2-6 所列。

表 2-5　基孔制的优先和常用配合

基准孔	轴																				
	a	b	c	d	e	f	g	h	js	k	m	n	p	r	s	t	u	v	x	y	z
	间隙配合								过渡配合			过盈配合									
H6						$\dfrac{H6}{f5}$	$\dfrac{H6}{g5}$	$\dfrac{H6}{h5}$	$\dfrac{H6}{js5}$	$\dfrac{H6}{k5}$	$\dfrac{H6}{m5}$	$\dfrac{H6}{n5}$	$\dfrac{H6}{p5}$	$\dfrac{H6}{r5}$	$\dfrac{H6}{s5}$	$\dfrac{H6}{t5}$					
H7						$\dfrac{H7}{f6}$	$\dfrac{H7}{g6}$	$\dfrac{H7}{h6}$	$\dfrac{H7}{js6}$	$\dfrac{H7}{k6}$	$\dfrac{H7}{m6}$	$\dfrac{H7}{n6}$	$\dfrac{H7}{p6}$	$\dfrac{H7}{r6}$	$\dfrac{H7}{s6}$	$\dfrac{H7}{t6}$	$\dfrac{H7}{u6}$	$\dfrac{H7}{v6}$	$\dfrac{H7}{x6}$	$\dfrac{H7}{y6}$	$\dfrac{H7}{z6}$
H8					$\dfrac{H8}{e7}$	$\dfrac{H8}{f7}$	$\dfrac{H8}{g7}$	$\dfrac{H8}{h7}$	$\dfrac{H8}{js7}$	$\dfrac{H8}{k7}$	$\dfrac{H8}{m7}$	$\dfrac{H8}{n7}$	$\dfrac{H8}{p7}$	$\dfrac{H8}{r7}$	$\dfrac{H8}{s7}$	$\dfrac{H8}{t7}$	$\dfrac{H8}{u7}$				
				$\dfrac{H8}{d8}$	$\dfrac{H8}{e8}$	$\dfrac{H8}{f8}$		$\dfrac{H8}{h8}$													
H9			$\dfrac{H9}{c9}$	$\dfrac{H9}{d9}$	$\dfrac{H9}{e9}$	$\dfrac{H9}{f9}$		$\dfrac{H9}{h9}$													
H10			$\dfrac{H10}{c10}$	$\dfrac{H10}{d10}$				$\dfrac{H10}{h10}$													
H11	$\dfrac{H11}{a11}$	$\dfrac{H11}{b11}$	$\dfrac{H11}{c11}$	$\dfrac{H11}{d11}$				$\dfrac{H11}{h11}$													
H12		$\dfrac{H12}{b12}$						$\dfrac{H12}{h12}$													

注:1. $\dfrac{H6}{n5}$、$\dfrac{H7}{p6}$ 在公称尺寸小于或等于 3 mm 和 $\dfrac{H8}{r7}$ 在小于或等于 100 mm 时,为过渡配合。

　　2. 标注 ▼ 的配合为优先配合。

表 2-6 基轴制的优先和常用配合

基准轴	孔																				
	A	B	C	D	E	F	G	H	JS	K	M	N	P	R	S	T	U	V	X	Y	Z
	间隙配合								过渡配合			过盈配合									
h5						$\frac{F6}{h5}$	$\frac{G6}{h5}$	$\frac{H6}{h5}$	$\frac{JS6}{h5}$	$\frac{K6}{h5}$	$\frac{M6}{h5}$	$\frac{N6}{h5}$	$\frac{P6}{h5}$	$\frac{R6}{h5}$	$\frac{S6}{h5}$	$\frac{T6}{h5}$					
h6						$\frac{F7}{h6}$	$\frac{G7}{h6}$	$\frac{H7}{h6}$	$\frac{JS7}{h6}$	$\frac{K7}{h6}$	$\frac{M7}{h6}$	$\frac{N7}{h6}$	$\frac{P7}{h6}$	$\frac{R7}{h6}$	$\frac{S7}{h6}$	$\frac{T7}{h6}$	$\frac{U7}{h6}$				
h7					$\frac{E8}{h7}$	$\frac{F8}{h7}$		$\frac{H8}{h7}$	$\frac{JS8}{h7}$	$\frac{K8}{h7}$	$\frac{M8}{h7}$	$\frac{N8}{h7}$									
h8				$\frac{D8}{h8}$	$\frac{E8}{h8}$	$\frac{F8}{h8}$		$\frac{H8}{h8}$													
h9				$\frac{D9}{h9}$	$\frac{E9}{h9}$	$\frac{F9}{h9}$		$\frac{H9}{h9}$													
h10				$\frac{D10}{h10}$				$\frac{H10}{h10}$													
h11	$\frac{A11}{h11}$	$\frac{B11}{h11}$	$\frac{C11}{h11}$	$\frac{D11}{h11}$				$\frac{H11}{h11}$													
h12		$\frac{B12}{12}$						$\frac{H12}{h12}$													

注:标注▼的配合为优先配合。

2.2.8 一般公差——线性尺寸的未注公差

1. 线性尺寸的一般公差概念

构成零件的所有要素总是具有一定的尺寸和几何形状,由于尺寸误差和几何特征(形状、方向、位置)误差的存在,为保证零件的使用功能就必须对其尺寸和几何形状加以限制,超出将会损害其功能。因此,在图样上表达零件的所有要素都有一定的公差要求。

对功能上无特殊要求的要素则可给出一般公差,一般公差是指在车间一般加工条件下可保证的公差,这是机床设备在正常维护和操作情况下,能达到的经济加工精度,它代表车间通常的加工精度。

采用一般公差的尺寸,在该尺寸后不注出极限偏差(或公差),这些尺寸称之为未注公差尺寸,在正常车间精度保证的条件下,一般可不检验。一般公差适用于金属切削加工的尺寸,也适用于一般的冲压加工的尺寸,非金属材料和其他工艺方法加工的尺寸可参照采用。

采用一般公差的好处是:

① 简化制图,使图面更为清晰。

② 节省图样设计时间,一般情况下,设计人员只需掌握某要素采用一般公差的公差值,而不必计算每个要素的公差值。

③ 图样上明确了哪些要素可由一般工艺水平保证,可简化检验要求,有助于质量管理。

④ 突出了图样上注出公差的尺寸,这些尺寸大多是重要的并且需要控制的,这样使得在加工和检验时给予重视和做出合适的计划安排。

2. 线性尺寸的一般公差标准与应用

GB/T 1804—2000 规定了线性尺寸的一般公差等级和极限偏差,线性尺寸的一般公差分为四个等级:f(精密级)、m(中等级)、c(粗糙级)和 v(最粗级),一般公差的线性尺寸的极限偏差数值如表2-7所列(另还有倒圆半径和倒角高度尺寸的极限偏差数值如表2-8所列)。在实际生产中,因为一般公差等级其公差数值符合通常的车间精度,所以按零件使用要求选取相应的公差等级即可。

线性尺寸的一般公差主要用于低精度的非配合尺寸,当功能上允许的公差等于或大于一般公差时,应采用一般公差,但是当功能上要求的公差比一般公差更小或更大,并且该公差在制造上比一般公差更为经济时,其相应的极限偏差数值要在公称尺寸后标出。

表2-7 一般公差的线性尺寸的极限偏差数值

mm

公差等级	尺寸分段							
	0.5~3	3~6	6~30	30~120	120~400	400~1 000	1 000~2 000	2 000~4 000
f(精密级)	±0.05	±0.05	±0.1	±0.15	±0.2	±0.3	±0.5	—
m(中等级)	±0.1	±0.1	±0.2	±0.3	±0.5	±0.8	±1.2	±2
c(粗糙级)	±0.2	±0.3	±0.5	±0.8	±1.2	±2	±3	±4
v(最粗级)	—	±0.5	±1	±1.5	±2.5	±4	±6	±8

表2-8 一般公差倒圆半径和倒角高度尺寸的极限偏差数值

mm

公差等级	尺寸分段			
	0.5~3	3~6	6~30	30
f(精密级)	±0.2	±0.5	±1	±2
m(中等级)				
c(粗糙级)	±0.4	±1	±2	±4
v(最粗级)				

3. 一般公差的标注

若采用标准规定的一般公差,应在图样标题栏附件、技术要求或技术文件(如企业标注等)中标注出相应标准号和公差等级代号,例如选取中等级时,标注为GB/T 1804—m。

2.3 公差带与配合的选择

在实际生产过程中,选择公差带与配合是非常重要的一项工作,也是必不可少的重要环节,正确合理的选择公差带与配合对于确保产品质量,提高产品性能,降低制造成本等方面有着重要作用。公差带与配合的选择就是公差等级与配合种类的选择,也称为配合制的选择。

2.3.1 配合制的选择

配合制包括基孔制配合和基轴制配合两种。在选择时,应该从结构、工艺和经济性等方面进行分析，选择的基本原则是：

（1）在常用尺寸范围（500 mm 以内），应优先选用基孔制。在加工和检验中，小尺寸的孔通常采用钻头、拉刀或铰刀等定值刀具和量具，而在加工轴时所用的刀具一般为非定值刀具，如车刀、砂轮等，一把车刀或砂轮就可以加工不同尺寸的轴，所以采用基孔制配合可以减少定值刀具、量具的品种规格和数量，减少加工与测量孔的调整工作量，并降低生产成本，是比较经济合理的选择。

（2）基孔制配合并不是在任何情况下都是经济合理的选择，有些情况下也采用基轴制，基轴制通常用于下列情况。

① 所用配合的公差等级要求为IT8或更低；直接用冷拉棒料制作轴且不需要加工。

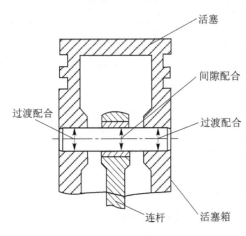

图 2-34 活塞销与活塞、连杆的配合

② 在同一公称尺寸的各个部分需要装上不同配合的零件时，可根据具体结构考虑选用基轴制。如图 2-34 所示的结构：活塞销和活塞销孔之间为过渡配合；销与连杆小头衬套内孔之间为间隙配合。如果采用基孔制，活塞销应加工成阶梯轴，这会给加工、装配带来困难，而且使强度降低；而采用基轴制，则无此弊，活塞销可加工成光轴，连杆衬套孔做大一些很方便。

（3）与标准件配合时，基准制的选择通常依标准件而定。例如，滚动轴承内圈和轴颈的配合应采用基孔制；滚动轴承外圈和壳体的配合应采用基轴制。

（4）在某些情况下，为了满足配合的特殊需要，允许孔与轴都不用基准件而采用非基准孔、轴公差带组成的配合，称为非基准制配合。

2.3.2 标准公差等级选择

确定公差等级的因素包括零件的使用要求和加工的经济性能，选择公差等级就是在制造精度与制造成本之间寻找平衡。如果标准公差等级过低，产品质量得不到保证；如果标准公差等级过高，制造成本势必增加。那么在选择标准公差等级时，就要平衡考虑使用要求和制造成本，其原则是在满足零件使用要求的前提下，选取尽量低的公差等级以降低制造成本。

大多数情况下，对于公称尺寸小于 500 mm 的配合，当公差等级等于或高于IT8 时，选择孔的公差等级比轴低一级；对于公差等级低于IT8 或基本尺寸大于 500 mm 的配合，选择相同公差等级的孔和轴。

在生产中主要采用类比法来确定标准公差等级，即参考经过实践证明的合理的类似产品上相应尺寸的公差，来确定孔和轴的标准公差等级，公差等级的选择实例如表 2-9 所列，公差等级的应用如表 2-10 所列。

表 2-9 公差等级的选择实例

公差等级	主要应用实例
IT01～IT1	一般用于精密标准量块。IT1 也用于检验 IT6 和 IT7 级轴用量规的校对量规

续表 2-9

公差等级	主要应用实例
IT2～IT7	用于检验工件 IT5～IT16 的量规的尺寸公差
IT3～IT5	用于精度要求很高的重要配合。例如机床主轴与精密滚动轴承的配合、发动机活塞销和连杆孔、活塞孔的配合 特点是：配合公差很小，对加工要求很高，应用较少
IT6(孔为 IT7)	用于机床、发动机和仪表中的重要配合。例如机床传动机构中的齿轮与轴的配合，轴与轴承的配合，发动机中活塞与气缸、曲轴与轴承、气阀杆与导套的配合等 特点是：配合公差很小，一般精加工能够实现，在精密机械中广泛应用
IT7、IT8	用于机床和发动机中的次要配合，或用于重型机械、农业机械和纺织机械和机车车辆的重要配合。例如机床上操纵杆的支承配合；发动机中活塞环与活塞环槽的配合；农业机械中齿轮与轴的配合等 特点是：配合公差中等，加工易于实现，在一般机械中广泛应用
IT9、IT10	用于一般要求，或长度精度要求较高的配合，或某些非配合尺寸的特殊要求，例如飞机机身的外壳尺寸，由于质量限制，要求达到 IT9 或 IT10 的公差等级
IT11、IT12	多用于各种没有严格要求，只要求便于连接的配合。例如螺栓和螺孔、铆钉和孔等的配合
IT12～IT18	用于非配合尺寸和粗加工的工序尺寸。例如手柄的直径、壳体的外形和壁厚尺寸和端面之间的距离等

表 2-10 标准公差等级的应用

应用	公差等级 IT																		
	01	0	1	2	3	4	5	6	7	8	9	10	11	12	13	14	15	16	17	18
量块																				
量规																				
特别精密的配合																				
一般配合																				
非配合尺寸																				
原材料尺寸																				

选择公差等级时，既要满足设计要求，又要考虑加工的难易程度和成本，各种加工方法所能达到的公差等级如表 2-11 所列；不同公差等级加工成本的比较如表 2-12 所列。

表 2-11 各种加工方法所能达到的标准公差等级

加工方法	标准公差等级(IT)																
	01	0	1	2	3	4	5	6	7	8	9	10	11	12	13	14	15	16
研磨																		
珩																		
圆磨																		
平磨																		

续表 2-11

加工方法	标准公差等级(IT)																
	01	0	1	2	3	4	5	6	7	8	9	10	11	12	13	14	15	16
金刚石车							■	■	■									
金刚石镗							■	■	■									
拉削							■	■	■	■								
铰孔								■	■	■	■	■						
车									■	■	■	■	■					
镗									■	■	■	■	■					
铣										■	■	■	■					
刨、插											■	■	■					
钻孔												■	■	■	■			
滚压、挤压												■	■					
冲压												■	■	■	■			
压铸													■	■	■			
粉末冶金成形								■	■	■								
粉末冶金烧结									■	■	■							
砂型铸造、气割																	■	■
锻造																	■	■

表 2-12 不同公差等级加工成本的比较

尺寸	加工方法	公差等级(IT)															
		1	2	3	4	5	6	7	8	9	10	11	12	13	14	15	16
外径	普通车削							─	─	─	─	─	─	─				
	六角车床车削							─	─	─	─	─	─					
	自动车削						─	─	─	─	─	─						
	外圆磨				─	─	─	─	─	─								
	无心磨				─	─	─	─	─	─								
内径	普通车削								─	─	─	─	─	─				
	六角车床车削								─	─	─	─	─					
	自动车削							─	─	─	─	─						
	钻										─	─	─	─				
	铰						─	─	─	─	─	─						
	镗							─	─	─	─	─	─					
	精镗				─	─	─	─	─	─								
	内圆磨				─	─	─	─	─	─								
	研磨			─	─	─	─	─										

续表 2-12

尺寸	加工方法	公差等级(IT)															
		1	2	3	4	5	6	7	8	9	10	11	12	13	14	15	16
长度	普通车削																
	六角车床车削																
	自动车削																
	铣																

注：虚线、实线、点画线表示成本比例为 1:2.5:5。

2.3.3 配合的选择

1. 配合类别的选择

正确选择配合，对保证机器正常工作、延长使用寿命和降低成本都起着非常重要的作用。配合种类的选择是根据使用要求选择间隙配合、过盈配合或过渡配合三种配合类型之一。选择原则：当相配合的孔和轴之间有相对运动时，选择间隙配合；当相配合的孔和轴之间无相对运动、不经常拆卸且需要传递一定的扭矩时，选择过盈配合；当相配合的孔和轴之间无相对运动且需要经常拆卸时，选择过渡配合。在配合类别的选择时如表 2-13 所列。

表 2-13 配合类别选择的基本原则

相互运动情况	配合处的装配要求和使用要求			配合选择
无相对运动	要传递转矩	要精确同轴	传递较大扭矩，永久连接	过盈配合
			传递一定扭矩，可拆卸	过渡配合或基本偏差为 H(h) 的间隙配合，加紧固件
		不要求精确同轴		间隙配合加紧固件
	不要传递转矩(定位、对中)			过渡配合或小过盈配合
有相对运动	转动或转动与移动复合运动			基本偏差为 A～F(a～f) 的间隙配合
	只有移动			基本偏差 H(h)、G(g) 的间隙配合

2. 配合代号的选择

在确定了配合类别后，根据所选部位再进一步确定配合的松紧程度，即确定与基准件配合的轴或孔的基本偏差代号。配合代号的选择通常有三种方法：计算法、试验法和类比法。目前在生产中应用最广泛的方法是类比法，可参考表 2-14。类比法是根据零件的工作条件和使用要求，参考现有的同类机器或类似结构中经生产实践验证过的配合情况，再与所设计零件的使用条件相比较，经过修正后确定配合的一种方法。用类比法选择配合，必须掌握各类配合的特点和应用场合，充分研究配合件的工作条件和使用要求后进行合理选择。使用类比法设计时，轴的基本偏差的选择如表 2-15 所列。

另外，在实际工作中还应该根据工作条件的要求，首先从优先配合中进行选择，其次再从常用配合中选择。表 2-16 所列为公称尺寸至 500 mm 的基孔制和基轴制优先配合的选用说明。

表 2-14 影响间隙或过盈的因素和修正意见

具体情况	过盈应增或减	间隙应增或减	具体情况	过盈应增或减	间隙应增或减
材料许用应力小	减	—	旋转速度较高	增	增
经常拆卸	减	—	有轴向运动	—	增
有冲击载荷	增	减	润滑油黏度较大	—	增
工作时孔的温度高于轴的温度	增	减	表面粗糙度较高	增	减
工作时孔的温度低于轴的温度	减	增	装配精度较高	减	减
配合长度较大	减	增	孔的材料线膨胀系数大于轴的材料线膨胀系数	增	减
零件形状误差较大	减	增	孔的材料线膨胀系数小于轴的材料线膨胀系数	减	增
装配时可能歪斜	减	增	单件小批生产	减	增

表 2-15 轴的各种基本偏差的特性和应用说明

配 合	基本偏差	特性和应用
间隙配合	a,b	可得到特别大的间隙,应用很少
	c	可得到很大的间隙,一般适用于缓慢、松弛的间隙配合,用于工作条件较差(如农业机械)、受力变形大或为了便于装配而必须保证有较大的间隙的配合,推荐配合为H11/c11;其较高等级的H8/c7配合,适用于在高温条件下工作的轴的紧密配合,例如内燃机排气阀和导管间的配合
	d	多用于IT7～IT11级,适用于松弛的转动配合,比如密封盖、滑轮和空转带轮等与轴的配合;也适用于对大直径滑动轴承配合,如涡轮机、球磨机、轧滚成形和重型弯曲机以及其他重型机械中的一些滑动轴承
	e	多用于IT7、IT8、IT9级,通常用于要求有明显间隙、易于转动的轴承配合,如大跨距轴承和多支点轴承等配合。高等级的e轴适用于大的、高速、重载支承,如涡轮发电机、大型电动机和内燃机的主要轴承、凸轮轴抽承等配合
	f	多用于IT6、IT7、IT8级的一般转动配合。当温度影响不大时,被广泛用于普通润滑油(或润滑脂)润滑的支承处,如齿轮箱、小电动机和泵等的转轴与滑动轴承之间的配合
	g	配合间隙很小,制造成本高,除很轻负荷的精密装置外,不推荐用于转动配合,多用于IT5、IT6、IT7级,最适合不回转的精密滑动配合,也用于插销等定位配合,如精密连杆轴承、活塞及滑阀、连杆销等
	h	多用于IT4～IT11级。广泛用于无相对转动的零件,作为一般的定位配合;若没有温度、变形影响,也用于精密滑动配合

续表 2-15

配 合	基本偏差	特性和应用
过渡配合	js	基本偏差完全对称(±IT/2)，平均间隙较小的配合，多用于IT4～IT7级，以及要求间隙比h轴小，并允许略有过盈的定位配合，如联轴器、齿圈和钢制轮毂等，可用木槌装配
过渡配合	k	平均间隙接近于零的配合，多用于IT4～IT7级，推荐用于稍有过盈的定位配合，例如为了消除振动用的定位配合，一般用木槌装配
过渡配合	m	平均过盈较小的配合，多用于IT4～IT7级，一般可用木槌装配，但在最大过盈时，要有相当的压入力
过渡配合	n	平均过盈比m轴稍大，很少得到间隙，多用于IT4～IT7级，用木槌或压入机装配，通常推荐用于组件的紧密配合。H6/n5配合时为过盈配合
过盈配合	p	与H6或H7孔配合时是过盈配合，与H8孔配合时是过渡配合。对非钢铁类零件装配是较轻的压入配合，当需要时易于拆卸；对钢、铸铁或铜、钢组件装配是标准压入配合
过盈配合	r	对钢铁类零件为中等打入配合；对非钢铁类零件为轻打入的配合，当需要时可以拆卸。与H8孔配合，直径在100 mm以上时为过盈配合；直径小时为过渡配合
过盈配合	s	用于钢和铁制零件的永久性和半永久性装配，可产生相当大的结合力。当用弹性材料，如轻合金时，配合性质和铁类零件的p轴相当，例如套环压装在轴或座孔上等的配合。特别是当尺寸较大时，为了避免损伤配合表面，需用热胀冷缩法装配
过盈配合	t	过盈较大的配合。多用于钢和铸铁零件等作永久性结合，不用键可传递转矩，需用热胀冷缩法装配，例如联轴器与轴的配合
过盈配合	u	这种配合过盈大，一般应验算在最大过盈时，工件材料是否会损坏。要用热胀冷缩法装配，例如火车轮毂与轴的配合
过盈配合	v,x,y,z	这些基本偏差所组成配合的过盈量更大，目前使用的经验和资料还很少，须经试验后才应用，一般不推荐

表 2-16 优先配合的选用说明

优先配合		说 明
基孔制	基轴制	
$\dfrac{H11}{c11}$	$\dfrac{C11}{h11}$	间隙极大，用于转速很高，轴、孔温差很大的滑动轴承；要求大公差、大间隙的外露部分；要求装配极方便的配合
$\dfrac{H9}{d9}$	$\dfrac{D9}{h9}$	间隙很大，用于转速较高、轴颈压力较大，精度要求不高的滑动轴承
$\dfrac{H8}{f7}$	$\dfrac{F8}{h7}$	间隙不大，用于中等转速、中等轴颈压力、有一定精度要求的一般滑动轴承；要求装配方便的中等定位精度的配合
$\dfrac{H7}{g6}$	$\dfrac{G7}{h6}$	间隙很小，用于低速转动或轴向移动的精密定位的配合；需要精确定位又经常装拆的不动配合

续表 2-16

优先配合		说　明
基孔制	基轴制	
$\dfrac{H7}{h6}$ $\dfrac{H8}{h7}$ $\dfrac{H9}{h9}$ $\dfrac{H11}{h11}$	$\dfrac{H7}{h6}$ $\dfrac{H8}{h7}$ $\dfrac{H9}{h9}$ $\dfrac{H11}{h11}$	最小间隙为零，用于间隙定位配合，工作时一般无相对运动；用于高精度低速轴向移动的配合。公差等级由定位精度决定
$\dfrac{H7}{k6}$	$\dfrac{K7}{h6}$	平均间隙接近于零，用于要求装拆的精密定位的配合
$\dfrac{H7}{n6}$	$\dfrac{N7}{h6}$	较紧的过渡配合，用于一般不拆卸的更精密定位的配合
$\dfrac{H7}{p6}$	$\dfrac{P7}{h6}$	过盈很小，用于要求定位精度高、配合刚性好的配合；不能只靠过盈传递载荷
$\dfrac{H7}{s6}$	$\dfrac{S7}{h6}$	过盈适中，用于靠过盈传递中等载荷的配合
$\dfrac{H7}{u6}$	$\dfrac{U7}{h6}$	过盈较大，用于靠过盈传递较大载荷的配合。装配时需加热孔或冷却轴

习　题

1. 什么是公称尺寸、极限尺寸？
2. 什么是偏差？它是如何分类的？
3. 什么是极限偏差？它分为哪几种？
4. 什么是公差？它和偏差的主要区别是什么？
5. 什么是基本偏差？用什么来表示？孔和轴各有多少基本偏差？
6. 根据下表中的已知数据，填写表中的空格数值。

公称尺寸	上极限尺寸	下极限尺寸	上极限偏差	下极限偏差	公差	尺寸标注
轴 $\phi 80$			-0.010	-0.029		
孔 $\phi 18$			$+0.093$		0.043	
孔 $\phi 150$						$\phi 150^{+0.026}_{-0.014}$
轴 $\phi 45$	45.033	45.026				
轴 $\phi 70$	69.970				0.074	
孔 $\phi 40$				-0.034	0.039	
轴 $\phi 100$	100				0.054	

7. 什么是基孔制配合？什么是基轴制配合？

8. 一般情况下为什么优先选用基孔制？

9. 公差等级选用的原则是什么？主要选用的方法是哪一种？

10. 什么是标准公差？用什么符号表示？其公差等级共分多少级？公差等级与零件的尺寸精度有什么关系？

11. 采用线性尺寸的一般公差有什么好处？

12. 下列尺寸标注是否正确？如有错误请改正。

(1) $\phi 60^{+0.011}_{+0.024}$ (2) $\phi 130^{+0.027}_{+0.015}$ (3) $\phi 140^{+0.018}$ (4) $\phi 20^{-0.092}_{-0.040}$ (5) $\phi 200^{-0.025}_{-0.047}$

(6) $\phi 110^{+0.022}_{+0.013}$ (7) $\phi 90^{-0.052}_{-0.030}$ (8) $\phi 60^{-0.035}$ (9) $\phi 60^{-0.032}_{-0.014}$ (10) $\phi 40^{+0.142}_{+0.080}$

13. 使用标准公差数值表与基本偏差数值表，确定下列公差带代号的标准公差数值和基本偏差数值并计算另一极限偏差值的大小。

(1) $\phi 20F7$ (2) $\phi 50D8$ (3) $\phi 35m6$ (4) $\phi 18g8$ (5) $\phi 10p4$ (6) $\phi 45J6$

14. 请使用极限偏差表，查出下列尺寸的极限偏差值。

(1) $\phi 95k7$ (2) $\phi 60js6$ (3) $\phi 60H8$ (4) $\phi 30c11$ (5) $\phi 50f8$ (6) $\phi 96h6$

(7) $\phi 80m8$ (8) $\phi 130s7$ (9) $\phi 160U6$ (10) $\phi 35F8$ (11) $\phi 100N7$

15. 判断下列各组孔和轴配合的类别，并计算配合的极限间隙或极限过盈和配合公差，并画出配合公差带图。

(1) 孔 $\phi 120^{+0.035}_{0}$ 轴 $\phi 120^{-0.012}_{-0.034}$

(2) 孔 $\phi 60^{-0.021}_{-0.051}$ 轴 $\phi 60^{0}_{-0.019}$

(3) 孔 $\phi 40^{+0.025}_{0}$ 轴 $\phi 40^{+0.033}_{+0.017}$

16. 对下列孔和轴配合，判断出基准制、配合性质并计算极限间隙或极限过盈和配合公差。

(1) $\phi 50H7/f6$ (2) $\phi 100H8/k7$ (3) $\phi 120S7/h6$ (4) $\phi 40H7/g6$ (5) $\phi 80M8/h7$

17. 标注尺寸公差时可采用哪几种形式？请举例说明。

第 3 章　技术测量基础及常用计量器具

【学习目标】
(1) 了解常用量具的构造原理。
(2) 正确使用、维护和保养量具。
(3) 掌握测量的基本概念,了解测量方法和测量误差的分类。
(4) 掌握量块的尺寸组合及其使用方法。
(5) 学会如何依据计量器具的选用原则选择合适的测量器具。
(6) 了解光滑极限量规的类型和应用。

3.1　技术测量概述

在机械制造业中,零件要实现互换性,首先需要合理地规定公差,然后还要在加工过程中通过测量和检验合格的零件,才具有互换性。

测量是将被测的几何量和一个作为测量单位的标准量进行比较的实验过程。任何一个完整的测量过程都包括四个要素:测量对象(长度、角度、表面粗糙度、几何形状和相互位置等)、计量单位、测量方法(依据测量时所采用的测量原理、计量器具和测量条件进行设计)和测量精度(指测量结果与真值的符合程度)。

检验是与测量相似的一个概念,通过只确定被测几何量是否在规定的极限范围值内,进而判定零件是否合格的过程(不需确定被测量的具体数值)。

检测是检验和测量的总称。

3.1.1　计量单位

为了保证测量的准确性,测量过程中测量单位必须统一,我国采用以国际单位制为基础的法定计量单位,在我国的法定计量单位中,长度单位为米(m),平面角的角度单位为度(°)、分(′)、秒(″)和弧度(rad)。在机械制造中,实际应用的长度单位通常为毫米(mm),如 1.5 m 写成 1500 mm;在几何量精密测量中,长度计量单位为微米(μm);在超精密测量中,长度计量单位为纳米(nm)。在实际工作中,有时也会遇到英制尺寸,为了方便,在使用时可将英制换算成毫米,换算关系是:1 英寸=25.4 mm。

长度计量单位换算关系如表 3-1 所列,角度测量单位换算关系如表 3-2 所列。

表 3-1　长度计量单位换算关系

单位名称	符　号	换算关系
米	m	基本单位
毫米	mm	1mm=10^{-3}m(0.001 m)

续表 3-1

单位名称	符号	换算关系
微米	μm	$1\mu m=10^{-6} m(0.000\ 001\ m)$
纳米	nm	$1nm=10^{-9} m(0.000\ 000\ 001\ m)$

表 3-2 角度计量单位换算关系

单位名称	符号	换算关系
度	°	$1°=(\pi/180)\ rad=0.017\ 453\ 3\ rad$
分	′	$1°=60′$
秒	″	$1′=60″$
弧度	rad	$1rad=(180/\pi)°=57.295\ 779\ 51°$

3.1.2 计量器具的分类

计量器具可按其测量原理、结构特点及用途分为量具、量规、量仪和计量装置等四类：

1. 量 具

量具是以固定形式复现量值的计量器具，量具结构简单，没有传动放大系统，一般分为两类：

(1) 在测量中体现标准量的量具，用来复现单一量值的量具称为标准量具，如图 3-1 所示。

图 3-1 标准量具（量块、直角尺）

(2) 用来测量一定范围内任意尺寸的量具称为通用量具，它有刻度，可测出具体尺寸值，其按结构特点分为固定刻线量具（如钢板尺）、游标量具（如游标卡尺）、测微螺旋量具（如外径千分尺）。如图 3-2 所示。

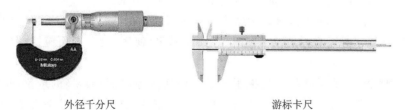

图 3-2 通用量具（外径千分尺、游标卡尺）

2. 量 规

量规是没有刻度的专用计量器具。量规用于检验零件(尺寸、形状、位置)是否合格。量规只能判断被测几何量的合格性,而不能获得被测几何量的具体数值,如光滑极限量规、螺纹量规和圆锥量规等。

(1) 光滑极限量规 用于检验光滑圆柱形工件的合格性,如图 3-3 所示。

塞规　　　　　　卡规　　　　　　环规

图 3-3　光滑极限量规

(2) 螺纹量规 用于检验螺纹的合格性,如图 3-4 所示。

螺纹环规　　　　　　螺纹塞规

图 3-4　螺纹量规

(3) 圆锥量规 用于检验圆锥的锥度和尺寸的合格性,如图 3-5 所示。

锥度塞规　　　　　　锥度套规

图 3-5　圆锥量规

3. 量 仪

量仪是将被测几何量值转换成可直接观察的指示值或等效信息的计量器具,一般具有传动放大系统,量仪按原始信号转换的原理不同可分为以下四种:

(1) 机械式量仪 机械式量仪是指用机械方法实现原始信号转换的量仪,如指示表、杠杆比较仪和扭簧比较仪等。这种量仪结构简单、性能稳定、使用方便,因而应用较广泛,如图 3-6 所示。

(2) 光学式量仪 光学式量仪是指用光学方法实现原始信号转换的量仪,具有高倍放大的光学系统。如万能测长仪、立式光学计、工具显微镜和干涉仪等,这种量仪精度高、性能稳定。

(3) 电动式量仪 电动式量仪是指将原始信号转换成电量形式信息的量仪,这种量仪具

百分表　　　　　　杠杆式百分表

图 3-6　机械式量仪

有放大和运算电路,可将测量结果用指示表或记录器显示出来,如电感式测微仪、电容式测微仪、电动轮廓仪和圆度仪等。这种量仪精度高,易于实现数据自动化处理和显示,还可实现计算机辅助测量和检测自动化。

（4）气动式量仪　气动式量仪是指以压缩空气为介质,通过气动系统流量或压力的变化来实现原始信号转换的量仪,如浮标式气动量仪等。这种量仪结构简单、测量精度高、操作方便,但示值范围小。

4. 计量装置

计量装置是指为了确定被测几何量值所必需的计量器具和辅助设备的总称。一套计量装置能测量多种几何量和较复杂的零件,如图 3-7 所示。

图 3-7　数控检测中心(三坐标测量仪)

3.1.3　测量方法的分类

测量方法可按各种不同的形式进行分类,如直接测量与间接测量、接触测量与非接触测量、综合测量与单项测量等。

1. 按测量值取得方法的不同分为直接测量和间接测量

(1)直接测量是直接用量具或量仪测出被测几何量值的一种方法,如图 3-8 所示。直接测量又分为绝对测量和相对测量。

1)绝对测量　绝对测量是从量具或量仪上直接读出被测几何量数值,如用卡尺测量直接读出尺寸值,如图 3-8 所示。

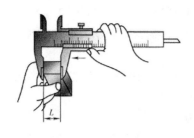

图 3-8　直接测量

2)相对测量(比较测量或微差测量)　相对测量是通过读取被测几何量与标准量的偏差来确定被测几何量数值的方法。如用杠杆卡规或测微计等测量。如图 3-9 所示,用机械式比较仪测量轴径,测量时先用量块调整零位,再将轴放在工作台上测量,轴径尺寸 L 等于比较仪上指示的偏差值 ΔL 与标准量值 L' 的代数和:$L = L' + \Delta L$。相对测量通常能获得较高的测量精度。

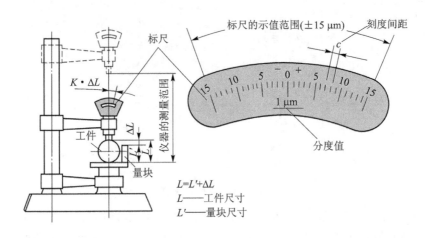

图 3-9 相对测量

（2）间接测量是先测出与被测几何量相关的其他几何参数,再通过计算获得被测几何量值的数据的方法。如图 3-10 所示,测量两孔的中心距 L,需要先测出 L_1 和 L_2,然后根据公式 $L=(L_1+L_2)/2$ 计算出孔的中心距 L。

2. 按有无机械测量力可分为接触测量和非接触测量

接触测量是指量具测头和被测表面接触,即表面之间存在一定的测量力。又可分为三种：点接触（如用内径量表测量孔径外径）；线接触（如用外径千分尺测量圆柱体外径）；面接触（如用平晶测量千分尺工作面的平面性）。

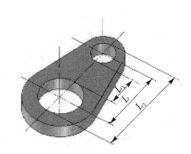

图 3-10 间接测量

非接触测量是指量具测头和被测表面不接触,即表面之间无测力存在,如用投影法测量等。

3. 按测量参数指标多少可分为单项测量和综合测量

单项测量是指单个地、彼此没有联系地测量零件单项参数,如测量齿轮公法线长度等。

综合测量是指在一次检测中同时测量零件上的几个有关参数,用以综合判断工件是否合格,其目的在于保证被测工件在规定的极限轮廓内,以达到互换性的要求。比如用花键塞规检验花键孔；用螺纹量规综合检验螺纹的合格性等。

4. 按测量在加工过程中所起的作用分为主动测量和被动测量

主动测量是指在零件加工过程中进行的测量,其测量结果可直接用来控制零件的加工过程,或决定是否继续加工,它有效减少废品的产生。

被动测量是指在零件加工的一道工序或全部工序完成后进行的测量,此时测量的结果用于发现并剔除废品,和鉴别零件合格与否,但是不能及时防止废品。

5. 按工件在测量过程中的状态分为动态测量和静态测量

动态测量是指测量时,被测零件和测量头之间有相对运动,它能反映被测参数的变化过程,这是目前较新的测量方法,如用激光比长仪检定精密线纹尺；用激光丝杆检查仪检定精密丝杆的螺距等。

静态测量是指测量时,被测零件与测量头相对静止,如用千分尺测量零件的直径,这是最常用的方法,使用通用量具进行的测量也是静态测量一种。

主动测量和动态测量是测量技术的主要发展方向,前者能将加工和测量紧密结合起来,从根本上改变测量技术的被动局面;后者能提高测量效率并保证零件的质量。

3.1.4 计量器具的技术参数

1. 刻度间距

刻度间距是指计量器具的刻度尺上两相邻刻线中心的距离,一般刻度间距在1~2.5 mm。

2. 分度值(刻度值)

分度值是指计量器具的刻度尺或刻度盘上两相邻刻线间的距离所代表的量值,在几何量计量器具中,刻度尺的分度值一般为 1 mm,0.1 mm,0.05 mm,0.01 mm,0.001 mm 等,分度值越小,计量器具的测量精度越高。

3. 示值范围

示值范围是指计量器具的标尺或刻度盘上所显示或指示的起始值到终止值的范围。

4. 测量范围

测量范围是指计量器具能测出的被测量的最小值到最大值的范围,如千分尺的测量范围有 0~25 mm,25~50 mm,50~75 mm 等多种。

5. 示值误差

示值误差是指计量器具的指示值与被测量的真值之间的差值。

6. 校正值(修正值)

校正值是指为了消除系统误差,用代数法加到测量结果上的数值,它与示值误差大小相等,符号相反。

7. 允许误差

允许误差是指计量器具所允许的误差的极限值。

8. 测量力

测量力是指测量过程中计量器具与被测工件之间的接触压力。

9. 灵敏度

灵敏度是计量器具对被测的量变化的反应能力。

10. 灵敏阈

灵敏阈是引起计量器具示值可察觉变化的被测量的最小变化值,它反映了计量器具对最小被测尺寸的灵敏性,越是精密的仪器,灵敏阈越小。这里要注意,灵敏度和灵敏阈是两个不同的概念,例如,分度值均为 0.001 mm 的齿轮式千分表与扭簧比较仪的灵敏度相同,但扭簧比较仪的灵敏阈比齿轮式千分表的灵敏阈高。

11. 示值稳定性

示值稳定性是在测量条件不作任何变动的情况下,对同一被测量进行多次重复测量时,其示值的最大变化范围。

3.2 测量误差的基本知识

3.2.1 测量误差的基本概念

从长度测量的实践中可知,当测量某一量值时,即使用同一台仪器,按同一测量方法,由同一测量者进行若干次的测量,所获得的结果可能也是不同的;若用不同的仪器、不同的测量方法、由不同的测量者来测量同一量值,所得结果的差别将会更加明显,这是由于一系列不可控制的和不可避免的主观因素或客观因素造成的。这种由于计量器具本身的误差和测量条件的限制而使测量结果与真值之间形成的差值称为测量误差。

3.2.2 测量误差产生的原因

虽然测量误差是不可避免的,但是在实际生产中,根据被测量的精度要求,首先合理选择计量器具、测量方法和环境,然后准确地操作,将测量误差控制在一定范围内,那么就可以满足测量的要求。为了提高测量精确度、减小和控制测量误差,以下对测量误差产生的原因进行分析,产生测量误差的原因很多,主要有六种:

1. 计量器具误差

计量器具误差是指由于计量器具本身存在的误差导致的测量误差。具体地说,这种误差是由于计量器具本身的设计、制造、装配或调整不准确而引起的,与测量过程中的外部因素无关,一般表现在计量器具的示值误差和重复精度上。例如:百分表的传动机构放大不准;分度盘安装偏心或测量面不平引起的示值变化;滑动面间隙或磨损引起的空回误差等。

2. 基准件误差

基准件(或基准量具),即使制作得非常精细,但也不免存在误差,基准件误差就是作为标准量的基准件本身存在的误差。例如,量块的制造误差等。

基准件误差直接影响测量结果。在相对测量中,基准件误差包含在测量误差内,因为在测量时用来与被测几何量进行比较的基准件(如量块)误差将直接反映到测量结果中,引起测量误差。

3. 环境误差

环境误差是指测量时由于环境因素与要求的标准状态不一致导致的测量误差。影响测量结果的环境因素有温度、湿度、气压、振动或灰尘等,其中温度影响最大,这是由于几乎所有材料对温度都敏感,都会发生热胀冷缩的现象,尤其是精密测量大尺寸工件,温差对测量结果的影响非常大。因此,在长度计量中规定标准温度为20℃。对于长度精密测量,其中最重要的是温差影响。

4. 测量方法误差

测量方法误差是指选择的测量方法和定位方法不完善导致的误差,如测量方法选择不当、工件安装不合理、计算公式选择不正确,或者采用近似的测量方法(间接测量法)等造成的误差。

5. 人员读数误差

指因测量人员生理差异或技术不熟练导致的误差,常表现为观测误差、估读误差或读数误差等。

6. 工件误差

工件表面形状和状况会影响测得值的准确性,如工件的凹陷、塌边、毛刺或划痕都会导致测量时产生误差。

3.3 常用长度尺寸测量的量具与量仪

为了保证零件和产品尺寸测量值的准确性,就必须用量具与量仪来进行测量,目前测量长度的量具与量仪种类有很多,最常见的是游标量具、测微螺旋量具和机械式量仪。

3.3.1 游标量具

游标类量具是利用游标读数原理制成的一种常用量具,它具有结构简单、使用方便和测量范围大等特点,主要用于机械加工中测量工件内外尺寸、宽度、厚度和孔距等。常用的有游标卡尺、游标深度尺和游标高度尺等,它们读数原理相同,只是外形结构上有所差异。

1. 游标卡尺

游标卡尺按游标的刻度值分为 0.1 mm、0.05 mm 和 0.02 mm 三种。目前机械加工中常用刻度值为 0.02 mm 的游标卡尺。

(1)游标卡尺的结构和用途 游标卡尺是工业上常用的测量长度的量具,游标卡尺的主体是一个刻有刻度的尺身,沿着尺身滑动的尺框上装有游标,另外游标卡尺还包括内测量爪、外测量爪、深度尺和紧固螺钉等,如图 3-11 所示。游标卡尺的内测量爪通常用来测量内径;外测量爪通常用来测量长度和外径;深度尺与游标尺连在一起,可以测槽和筒的深度和高度。

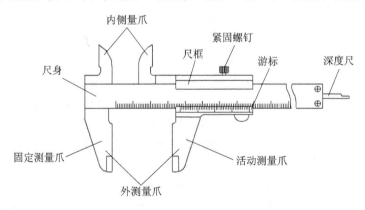

图 3-11 游标卡尺

(2)游标卡尺的读数原理和使用方法 游标卡尺的读数装置,是由尺身和游标两部分组成,当尺框上的活动测量爪与尺身上的固定测量爪贴合时,尺框上游标的"0"刻线(简称游标零线)与尺身的"0"刻线对齐,此时测量爪之间的距离为零,测量时,需要尺框向右移动到某一位置,这时活动测量爪与固定测量爪之间的距离,就是被测尺寸的值。

以分度值 0.02 mm 的游标卡尺为例,尺身上的刻度间距为 1 mm,每 10 格分别标以 1、2、3…,以表示 10、20、30…。这种游标卡尺的游标刻度是把尺身上 49 mm 分为 50 等份,即游标刻线间距为 49/50＝0.98 mm。因此尺身和游标的刻度间距相差：1 mm－0.98 mm＝

0.02 mm,所以其测量精度为 0.02 mm。如图 3-12(a)所示。

其读数方法可分三步：

① 根据游标零线以左的尺身上的最近刻度读出整毫米数。

② 根据游标零线以右与尺身上的某一刻度对准的刻线数乘上 0.02 读出小数。

③ 将上面整数和小数两部分加起来，即为测量值。

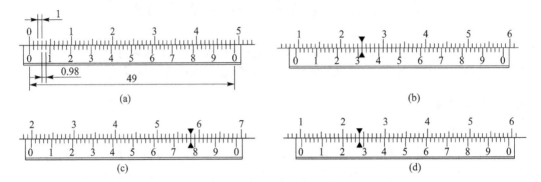

图 3-12　游标卡尺刻线原理和读数示例

如图 3-12(b)所示，游标零线所对主尺前面的刻度 9 mm，因此整数部分的读数值就为 9 mm，游标"3"后的第 1 条线即第 16 格刻线与尺身的一条刻线对齐，因此小数部分的读数值就为 0.02 mm×16 mm＝0.32 mm(0.3 mm＋0.02 mm×1 mm＝0.32 mm)，则被测零件的尺寸为 9 mm＋0.32 mm＝9.32 mm。

同理，如图 3-12(c)所示被测尺寸为 19 mm＋39 mm×0.02 mm＝19.78 mm；如图 3-12(d)所示被测尺寸为 10 mm＋0.02 mm×14 mm＝10.28 mm。

在游标卡尺使用前须将量爪并拢，查看游标和尺身的零刻度线是否对齐。如果对齐就可以进行测量；如果没有对齐则要记取零误差：游标的零刻度线在尺身零刻度线右侧的叫正零误差；其在尺身零刻度线左侧的叫负零误差（这种规定方法与数轴的规定一致，原点以右为正，原点以左为负）。测量时，右手拿住尺身，大拇指移动游标，左手拿待测外径的物体，使待测物位于外测量爪之间，使之与外测量爪紧紧相贴时，即可读数，如图 3-13 所示。

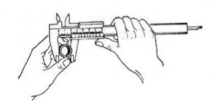

图 3-13　游标卡尺的使用方法

(3) 游标卡尺的应用　游标卡尺作为一种常用量具，其具体应用在以下这四个方面：测量工件宽度；测量工件外径；测量工件内径；测量工件深度。如图 3-14 所示。

以上是对游标卡尺的介绍，包括其读数、使用方法和应用。目前游标卡尺的使用大多是测量一个数据后，由测量人员人工记录在纸上；或者由一个人测量，另一个人进行记录，当需要进行分析时，再由操作人员录入到电脑的 Excel 表格中。这种方式导致的问题是效率低且数据容易记错。针对这种情况，现在推出了一种高效应用游标卡尺测量长度的方式：把数据采集仪连接到游标卡尺上，采集仪可以自动从游标卡尺中获取测量数据，从而进行记录和分析计算，甚至对测量结果进行自动判断等，这种方法真正实现了测量的数据化，不但可以避免人为记录错误情况的发生，还可以提高测量效率。

(a) 测量零件宽度　　(b) 测量零件外径　　(c) 测量零件孔径　　(d) 测量零件深度

图 3-14　游标卡尺的应用

(4) 使用游标卡尺的注意事项。

① 使用前，应先擦干净外测量爪两测量面，合拢两量爪，使卡尺两量爪紧密贴合，检查游标零线和尺身零线是否对齐，若未对齐，就存在零位偏差，此情况下一般不能使用，如需使用需记取零误差。

② 游标在尺身滑动应灵活自如，不能过紧或过松，更不能有晃动现象，以免产生测量误差。用紧固螺钉固定尺框时，卡尺的读数不应有所改变，在移动尺框时，不要忘记松开紧固螺钉，亦不宜过松以免掉了。

③ 使用游标卡尺时，要轻拿轻放，不得碰撞或跌落地下；不要用来测量表面粗糙的物体，以免损坏量爪；也不要与刃具放在一起，以免刃具划伤游标卡尺的表面，不用时应置于干燥地方，远离酸碱性物质，防止锈蚀。

④ 测量工件时，量爪测量面必须与工件的表面平行或垂直，不得歪斜，所用压力应使两个量爪刚好接触零件表面。如果测量压力过大，不但会使量爪弯曲或磨损，且量爪在压力作用下会产生弹性变形，使测量的尺寸不准确。在测量内径尺寸时，应轻轻摆动，以便找出最大值。读数时，视线要垂直于尺面，避免产生视觉误差。

⑤ 为了获得正确的测量结果，可以多测量几次。即在零件的同一截面上的不同方向进行测量。对于较长零件，则应当在全长的各个部位进行测量，以便获得一个比较准确的测量结果。

⑥ 测量结束后要把卡尺平放，尤其是大尺寸的卡尺更应该注意，否则易造成尺身弯曲变形。

⑦ 游标卡尺用完后，需仔细擦净，抹上防护油，两量爪合拢并拧紧紧固螺钉后，放入卡尺盒内盖好，以防生锈或弯曲。如发现卡尺存在不准或异常，应停止使用，及时上报，使用不准或异常的卡尺测试过的产品必须重新测量。

2. 其他类型的游标量具

游标深度尺主要用于测量孔、槽的深度或阶台的高度，如图 3-15(a)所示。

游标高度尺主要用于测量零件高度或用于划线，通过更换不同的卡脚，可适应不同需要，如图 3-15(b)所示。

带表卡尺也叫附表卡尺，它通过齿条传动齿轮带动指针显示数值，其读数方法与游标卡尺基本相同，只是小数部分从百分表读取，比游标卡尺读数更快捷，如图 3-15(c)所示。

数显卡尺主要由尺体、传感器、控制运算部分和数字显示等部分组成，数显卡尺的尺身装有高精度齿条，齿条运转带动圆形栅格片转动，用光电脉冲计数原理，将卡尺量爪的位移量转变为脉冲讯号，通过计数器和显示器将测量尺寸用数字显示在屏上。数显卡尺具有读数直观、使用方便、功能多样的特点,如图 3-15(d)所示。

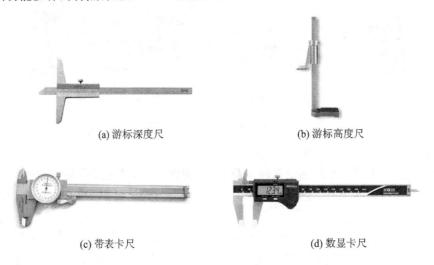

(a) 游标深度尺　　　　　　　　(b) 游标高度尺

(c) 带表卡尺　　　　　　　　　(d) 数显卡尺

图 3-15　其他类型的游标量具

3.3.2　测微螺旋量具

测微螺旋量具是利用螺旋副的运动原理进行测量和读数的一种测微量具。按用途可分为外径千分尺、内径千分尺、深度千分尺、专门测量螺纹的螺纹千分尺和测量齿轮的公法线千分尺等。

1. 外径千分尺

(1) 外径千分尺的结构和特点　外径千分尺简称千分尺,是比游标卡尺更精密的测量量具,它具有体积小、坚固耐用、测量准确度高、使用方便、读数准确和容易调整等特点,可以用来测量工件各种外形尺寸,如长度、厚度、外径、凸肩厚度、板厚或壁厚等。外径千分尺由尺架、测砧、测微螺杆、固定套管、微分筒、测力装置、锁紧装置和隔热装置等组成,如图 3-16 所示。

从读数方式上看,常用的外径千分尺有普通式、带表式和电子数显式三种类型。

外径千分尺规格按测量范围划分,在 500 mm 以内的以 25 mm 为一档,如 0~25 mm,25~50 mm,50~75 mm,75~100 mm,100~125 mm 等;在 500~1000 mm 以内的以 100 mm 为一档,如 500~600 mm,600~700 mm 等。

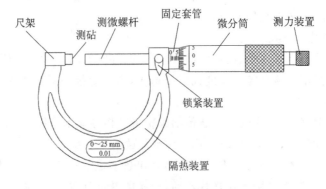

图 3-16　外径千分尺

(2) 外径千分尺的读数原理和读数方法　用外径千分尺测量零件的尺寸,就是把被测零件置于外径千分尺的两个测量面之间,所以两测量面之间的距离,就是零件的测量尺寸。当测微螺杆在螺纹轴套中旋转时,由于螺旋线的作用,测微螺杆产生轴向移动,使两测量面之间的距离发生变化。如测微螺杆按顺时针的方向旋转一周,两测量面之间的距离就缩小一个螺距;若其按逆时针方向旋转一周,两测量面之间的距离就增大一个螺距。常用千分尺的测微螺杆的螺距为 0.5 mm,因此,当测微螺杆顺时针旋转一周时,两测量面之间的距离就缩小 0.5 mm。当测微螺杆顺时针旋转不到一周时,缩小的距离就小于一个螺距,它的具体数值,可从与测微螺杆结成一体的微分筒的圆周刻度上读出,微分筒的圆周上刻有 50 个等分线,当微分筒转一周时,测微螺杆就推进或后退 0.5 mm,微分筒转过它本身圆周刻度的一小格时,两测量面之间转动的距离为:0.5/50＝0.01 mm。由此可知:外径千分尺的分度值为 0.01 mm。

读数方法:先看固定套筒上距微分筒边缘最近的刻线,从固定套管中线上侧的刻度读出整数,从中线下侧的刻度读出可见的 0.5 mm 的小数;然后从微分筒上找到与固定套管中线对齐的刻线,将此数值乘以 0.01 mm 就是小于 0.5 mm 的小数部分的读数;最后把以上几部分相加就是测量值。

【例 3-1】　读出图 3-17 中外径千分尺所示读数。

【解】

从图 3-17(a)中看出,中线上侧距离微分筒最近的刻线为 4 mm 中线下侧的刻度读出可见的 0.5 mm,微分筒上数值为 48 的刻线对齐中线,所以此时外径千分尺读数为 4 mm ＋0.5 mm＋0.01 mm×48 mm＝4.98 mm。

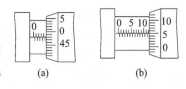

图 3-17　外径千分尺读数示例

从图 3-17(b)中看出,中线上侧距离微分筒最近的刻线为 12 mm,中线下侧的刻度读不出可见的 0.5 mm,微分筒上数值为 5 的刻线对齐中线,所以此时外径千分尺读数为 12 mm＋0.01 mm×5 mm＝12.05 mm。

(3) 外径千分尺的零位校准　使用外径千分尺前先要检查其零位是否校准,首先松开锁紧装置,清除油污,特别是测砧与测微螺杆间接触面要清洗干净;其次检查微分筒的端面是否与固定套管上的零刻度线重合,若不重合应先旋转旋钮,直至螺杆要接近测砧时,旋转测力装置,当螺杆刚好与测砧接触时会听到"咔"声,这时停止转动。如两零线仍不重合,可将固定套管上的小螺丝松动,用专用扳手调节套管的位置,使两零线对齐,再把小螺丝拧紧。不同厂家生产的千分尺的调零方法不一样,这里仅是其中一种调节方法。

检查千分尺零位是否校准时,要使螺杆和测砧接触,偶尔会发生向后旋转测力装置两者不分离的情形。这时可用左手手心用力顶住尺架上测砧的左侧,右手手心顶住测力装置,再用手指沿逆时针方向旋转旋钮,即可使螺杆和测砧分开。

(4) 使用千分尺的方法　用单手测量时,可用大拇指和食指捏住微分筒,小指将尺架压向手心即可,如图 3-18 所示。

用双手握千分尺测量,如图 3-19 所示进行。

 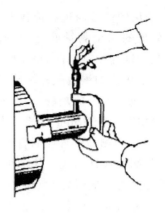

图3-18 单手持千分尺测量图　　图3-19 双手握千分尺测量

(5) 使用千分尺的注意事项。

① 千分尺在使用时应小心谨慎、动作轻缓,不要让它受到打击和碰撞。千分尺内的螺纹非常精密,使用时要注意旋钮和测力装置在转动时都不能过分用力;当转动旋钮使测微螺杆靠近待测物时,一定要改旋测力装置,不能转动旋钮使螺杆压在待测物上;当测微螺杆与测砧已将待测物卡住或旋紧锁紧装置的情况下,决不能强行转动旋钮。

② 千分尺的测量面应保持干净,使用前应进行校准。对于0~25 mm的千分尺,应使两接触面接触,检查接触面之间是否密合,同时观察微分筒上的零线是否与固定套筒上的基准线对齐,如有偏差,则应进行校准或在读数时加修正值;对于25~50 mm以上的千分尺,可用量具盒内的标准样棒进行校准。

③ 测量时,千分尺的微测螺杆的轴线应垂直工件被测表面。先转动微分筒,当测量面接近工件时,再转动测力装置,使测量面接触工件表面,听到2~3声"咔"声音即停止转动,此时的测量力合适,可读取数值。切记不可用手猛力转动微分筒,以免使测量力过大而影响测量精度,严重时还会损坏螺纹传动装置。

④ 读数时,最好不从工件上取下来,如需取下读数,应先锁紧测微螺杆,然后再轻轻取下工件,以防止尺寸变动产生测量误差。

⑤ 读数要仔细,看清刻度,特别要分清整数部分和0.5 mm的刻线。

⑥ 不能用千分尺测量毛坯,更不能在工件转动时去测量,或将千分尺当锤子敲击物件。

⑦ 有些千分尺为了防止手温使尺架膨胀引起微小的误差,在尺架上装有隔热装置。实验时应手握隔热装置,尽量少接触尺架的金属部分。

⑧ 使用千分尺测量同一长度时,一般应反复测量几次,取其平均值作为测量结果。

⑨ 千分尺用毕后,应用纱布擦干净,在测砧与螺杆之间留出一点空隙,然后放入盒中;如长期不用可抹上黄油或机油,然后放置在干燥的地方。

2. 其他类型的千分尺简介

其他类型的千分尺的读数原理和方法与外径千分尺相同,只是用途不同,外形有所差异。如表3-3所列。

表 3-3 其他类型的千分尺

名　　称	样　　式	特　　点
内测千分尺	 	用来测量孔径内尺寸,有 5~30 mm 和 25~50 mm 两种。其固定套管刻线与外径千分尺刻线方向相反,但读数方法相同
内径千分尺（接杆式）	 	在不加接长杆时,可测量 50~63 mm 孔径或内尺寸;去掉千分尺前段的保护螺母,把接长杆与内径千分尺旋合,便可改变测量范围
内径千分尺（三爪式）	 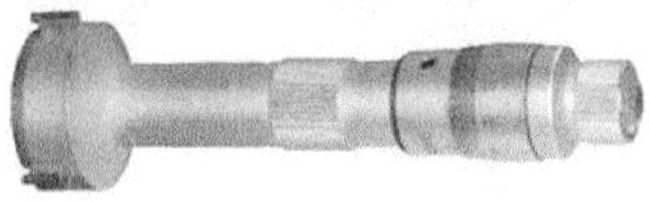	测头有三个可伸缩的测爪,由于三爪有三点与孔壁接触,因而测量比较准确,其刻线和内部结构与内测千分尺相同
深度千分尺	 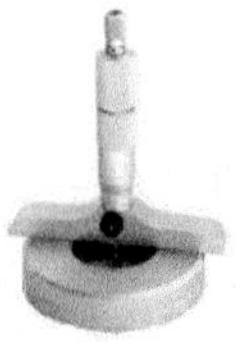	结构和外径千分尺相似,只是多了一个基座而没有尺架。它主要用于测量孔、沟槽的深度和两平面间的距离。替换测量杆可更改测量范围
螺纹千分尺		主要用于测量螺纹中径尺寸,有各种规格的测量头,每一对测量头用于一定的螺距范围

续表 3-3

名　称	样　式	特　点
壁厚千分尺	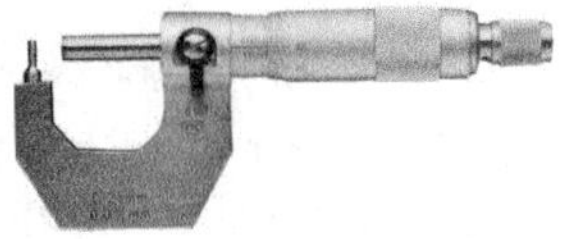	用于测量带孔零件的壁厚，前端做成杆状球头测砧，便于伸入孔内并使测砧与孔的内壁贴合
公法线千分尺	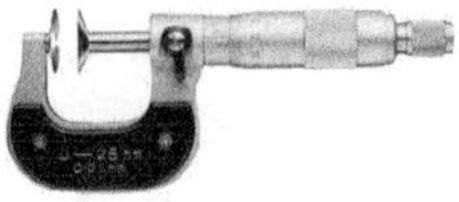 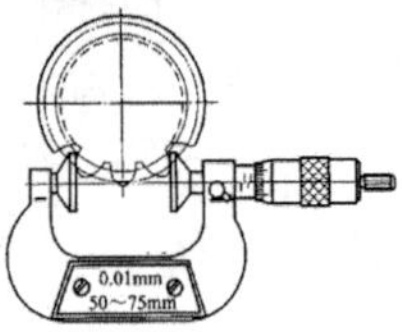	用于测量齿轮的公法线长度，两个测砧的测量面做成两个相互平行的圆平面。测量前先把公法线千分尺调到比被测尺寸略大，然后把测头插到齿轮齿槽中进行测量
深弓千分尺	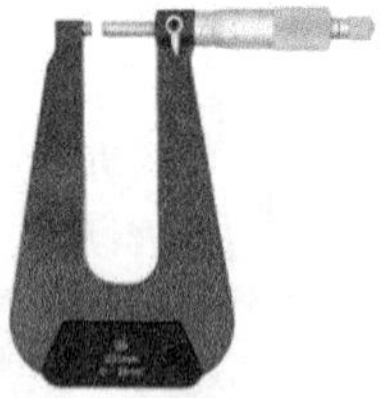	也称板厚千分尺，主要用于测量距端面较远的厚度尺寸，其尺身的弓深较深

3.3.3 量　块

1. 量块的形状、用途和尺寸系列

量块是用耐磨材料（合金钢或陶瓷）制造的具有一对相互平行测量面的长方体，量块是标准量具，也称块规，如图 3-20 所示。量块主要特点是：形状简单、量值稳定、耐磨性好、使用方便、应用广泛。量块是机械制造业中长度尺寸的标准，它可用于检定和校准其他量具和量仪。相对测量时，可用量块组成一标准尺寸来调整量具和量仪的零位。量块也可用于调整精密机床、精密画线和测量精密零件。

量块各面中经过精密加工很平很光的两个平行面，称为测量面，两测量面之间的距离为工作尺寸，又称标称尺寸，该尺寸具有很高的精度。量块的标称尺寸大于或等于 10 mm 时，其测量面尺寸为 35 mm×9 mm；标称尺寸小于 10 mm 时，其测量面尺寸为 30 mm×9 mm。

量块的测量面非常的平整光洁，用少许压力推合两块量块，使它们测量面紧密接触，它们就能黏合在一起，这种特性称为研合性。利用量块的研合性就可以用不同的量块组合成所需的各种尺寸。

在实际生产中，量块是成套使用的，每套包含一定数量的不同标称尺寸的量块，以便组合

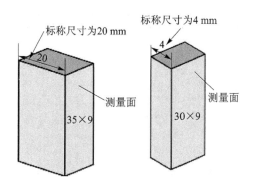

图 3-20 量 块

成各种尺寸,满足一定尺寸范围的测量要求。根据国家标准规定共有 17 种套别,成套量块常用的有 91 块组、83 块组、46 块组、38 块组和 10 块组等;并规定量块的制造精度有五级:00,0,1,2,3 和 K 级,其中 00 级最高,3 级最低,K 级为校准级。常用成套量块的级别、尺寸系列、间隔和块数如表 3-4 所列。

表 3-4 成套量块套别和精度表

套 别	总块数	级 别	尺寸系列(mm)	间隔(mm)	块 数
1	91	0,1	0.5		1
			1		1
			1.001,1.002,…,1.009	0.001	9
			1.01,1.02,…,1.49	0.01	49
			1.5,1.6,…,1.9	0.1	5
			2.0,2.5,…,9.5	0.5	16
			10,20,…,100	10	10
2	83	0,1,2	0.5		1
			1		1
			1.005		1
			1.01,1.02,…,1.49	0.01	49
			1.5,1.6,…,1.9	0.1	5
			2.0,2.5,…,9.5	0.5	16
			10,20,…,100	10	10
3	46	0,1,2	1		1
			1.001,1.002,…,1.009	0.001	9
			1.01,1.02,…,1.09	0.01	9
			1.1,1.2,…,1.9	0.1	9
			2,3,…,9	1	8
			10,20,…,100	10	10

续表 3-4

套别	总块数	级别	尺寸系列(mm)	间隔(mm)	块数
4	38	0,1,2	1		1
			1.005		1
			1.01,1.02,…,1.09	0.01	9
			1.1,1.2,…,1.9	0.1	9
			2,3,…,9	1	8
			10,20,…,100	10	10

2. 量块的尺寸组合及使用方法

为了减少量块的组合误差,应尽量减少量块的组合块数,一般不超过 5 块。选用量块时,应从所需组合尺寸的最后一位数字开始,每选一块至少应使尺寸数字的位数减少一位,依次类推,直至组合成完整的尺寸。

【**例 3-2**】 要组成 36.745 mm 的尺寸,试选择组合的量块。

【**解**】

最后一位数字为 0.005,因而可选用 83 块一套或 38 块一套的量块。

如选用 83 块一套的量块,选取方法在左侧列出;如选用 38 块一套的量块,选取方法在右侧列出。

36.745	36.745
－1.005………第一块量块尺寸	－1.005………第一块量块尺寸
35.740	35.740
－1.24………第二块量块尺寸	－1.04………第二块量块尺寸
34.500	34.700
－4.5………第三块量块尺寸	－1.7………第三块量块尺寸
30………第四块量块尺寸	33
	－3………第四块量块尺寸
	30………第五块量块尺寸

从两种选择看出,选用 83 块一套的量块只用四块量块,而 38 块一套的量块则需五块量块,相比而言选用 83 块一套的量块更好。

3. 量块的使用注意事项

① 不能碰伤和划伤其表面,特别是测量面;防止各种腐蚀性物质和灰尘对测量面的损伤;不能用手直接接触量块,以免影响其研合性。

② 量块选好后,在组合前要用麂皮或丝绸将各个面擦净,用推压的方式逐块研合,在研合时应保持动作平稳,以免测量面被量块棱角划伤。

③ 使用后,拆开组合量块,应用航空汽油清洗、擦拭干净(钢制量块涂上防锈油)装在特制的木盒内,如图 3-21 所示。

④ 决不允许将量块结合在一起存放。

图 3-21 陶瓷量块和钢制量块

3.3.4 机械式量仪

机械式量仪借助杠杆、齿轮、齿条或扭簧的传动,将测量杆的微小直线移动,经传动和放大机构转变为表盘上指针的角位移,从而指示出相应的数值。机械式量仪种类很多,常见的有以下几类。

1. 百分表

(1)百分表的结构与应用 百分表是利用机械结构将直线位移经传动、放大后,通过读数装置表示出来的一种测量器具,它具有体积小、结构简单、使用方便和价格便宜等优点。

百分表的应用十分广泛,主要用于长度的相对测量以及形状、相互位置误差的测量等,也能在某些机床或测量装置中作定位和指示用。百分表主要由测量杆、大齿轮、小齿轮、指针、游丝、弹簧等组成,如图 3-22 所示。

当测量杆上下移动时,带动与齿条啮合的小齿轮转动,此时与小齿轮固定在同一轴上的大齿轮也随着转动,大齿轮的转动又带动中间齿轮及与中间齿轮同轴的指针转动,这样就通过齿轮传动系统将测量杆的微小位移放大并转变成指针的转动,并在刻度盘上指示出相应的示值,示值由两个指针决定,其中大齿轮的轴上装有小指针,以显示大指针的转数。

为了消除有齿轮传动系统中齿侧间隙引起的测量误差,在百分表内装有游丝,由游丝产生扭矩作用在大齿轮上,大齿轮又和中间齿轮啮合,这样可以保证齿轮在正反转时都在齿的同一侧面啮合,从而消除齿侧间隙的影响。

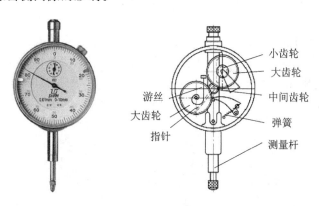

图 3-22 百分表

(2)百分表的分度原理和使用方法 百分表是一种精度较高的量仪,它只能测出相对数值,不能测出绝对数值。百分表的分度值为 0.01 mm。百分表的结构原理如图 3-22 所示。将被测尺寸引起的测杆微小直线移动,经过齿轮传动放大,变为指针在刻度盘上的转动,从而读出被测尺寸的大小。

当测量杆向上或向下移动 1 mm 时,通过齿轮传动系统带动大指针转一圈,小指针转一格。刻度盘在圆周上有 100 个等分格,各格的读数值为 0.01 mm,大指针每转一格读数为 0.01 mm,小指针每转一格读数为 1 mm。测量时指针读数的变动量即为尺寸变化量。刻度盘可以转动,以便测量时大指针对准零刻线。

使用百分表时,将其安装在专用的表架上,如图 3-23 所示。表架安装在平板上或某一平整位置上,百分表在表架的前、后、上、下位置可以任意调节。测量平面时,应使量杆的轴线和被测表面垂直,否则会产生较大的测量误差;在测量圆柱面的直径时,测量杆的中心线要通过所测量圆柱面的轴线。当测量头开始与被测量表面接触时,为保持一定的初始测量力,应该使测量杆预压缩 0.3~1 mm,以免当偏差为负时,得不到测量数据。

图 3-23 常用百分表座和百分表架

(3) 使用百分表的注意事项。

① 使用前,要认真进行检查。检查百分表是否完好,表盘玻璃是否破裂或脱落,是否有灰尘和湿气侵入表内;检查量杆的灵敏度,是否移动平稳、灵活,无卡住等现象;指针有无松动,转动是否平稳等。

② 使用时必须将百分表可靠地固定在表座或其他支架上,切不可贪图省事,随便夹在不稳固的地方,否则容易造成测量结果不准确或摔坏百分表。

③ 为读数方便,测量前一般把百分表的主指针指到表盘的零位(通过转动表盘的零刻度线对准主指针)。

④ 测量时应轻提测量杆,移动零件至测量头下面(或将测量头移至零件上),再缓慢放下,使其与被测表面接触。不能快速放下,否则易造成齿轮误差,更不准将零件强行推入测量头下,以免损坏量仪,如图 3-24 所示。

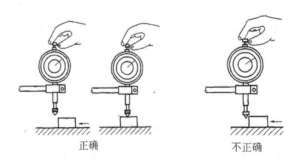

图 3-24 百分表的使用

⑤ 测量时，量杆的行程不要超过它的测量范围，以免损坏表内零件；不要使表头突然撞到工件上；也不要用百分表测量表面粗糙度或有显著凹凸不平的工件，此外，还应避免振动、冲击和碰撞。

⑥ 百分表要保持清洁，在百分表不使用时，应使测量杆位于自由状态，以免表内弹簧失效。

2．内径百分表

（1）内径百分表的结构　内径百分表是将测头的直线位移变为指针的角位移的计量器具，是用比较测量法测量或检验零件的内孔、深孔直径及其形状精度，其由百分表和专用表架组成。

内径百分表结构如图 3-25 所示，百分表的测量杆与传动杆始终接触，测力弹簧是控制测量力的，并经过传动杆和杠杆向外顶住活动测头。测量时活动测头的移动使杠杆回转，再通过传动杆推动百分表的测量杆，使百分表指针回转。由于杠杆是等臂的，百分表测量杆、传动杆和活动测头三者的移动量是相同的，所以测头的移动量可以在百分表上读出来。定位装置起找正直径位置的作用。活动测头和可换测头同轴，其轴线在定位装置的中心对称平面上，由于定位弹簧的推力作用，使孔的直径处于定位装置的中心对称平面上，从而保证可换测头与活动测头的轴线和被测孔的直径重合。

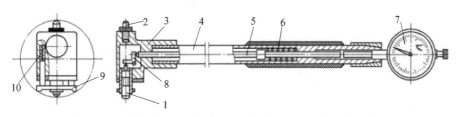

1—活动测头；2—可换测头；3—表架头；4—表架杆；5—传动杆；
6—测力弹簧；7—百分表；8—杠杆；9—定位装置；10—定位弹簧

图 3-25　内径百分表

（2）内径百分表的使用方法　内径百分表的分度值为 0.01 mm，其活动测头的移动量很小，它的测量范围可通过更换或调整可换测头的长度实现，每只内径百分表都配有一套可换测头，其测量范围有 10～18 mm，18～35 mm，35～50 mm，50～100 mm，100～160 mm，160～250 mm，250～450 mm 等。

内径百分表测量孔径是一种相对测量方法。测量前要根据被测孔径大小，在千分尺或环规上调整好尺寸才能进行测量，测量时将表杆在测量头的轴线所在平面内轻微摆动，在摆动过程中读取最小读数，即是孔径的实际偏差。如图 3-26 所示。

内径百分表实际测量如下。

① 根据被测孔径尺寸的情况，先选择一把千分尺，再选择内径百分表的测量范围。

② 把千分尺调整到被测孔径尺寸并锁紧。

③ 把百分表套筒擦净，小心装进表架的弹性卡头中，并使表针转过半圈左右（0.5 mm），称为"压表"，用锁母紧固弹性卡头，将百分表锁住。注意：拧紧锁母时，用力适中以免将百分表套筒卡变形。

④ 根据被测孔径的尺寸，选取合适的可换测头，并装到表杆上，其伸出的长度可以调节，

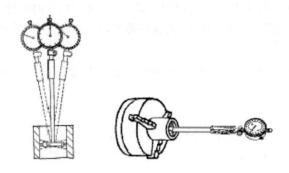

图 3-26　内径百分表的使用方法

一手握内径百分表,一手握千分尺,将表的测头放在千分尺内进行校准,注意要使百分表的测杆尽量垂直于千分尺,如图 3-27 所示。

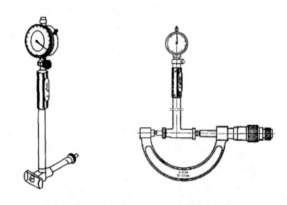

图 3-27　用外径千分尺调整尺寸方法

⑤ 调整百分表使压表量在 0.2~0.3 mm 左右,并将表针置零,然后按被测尺寸公差调整表圈上的误差指示拨片就可以测量了。

⑥ 测量时,把测头放入被测孔内(注意:用左手指将活动测头压下,放入被测孔内),轻轻前后摆动几次,观察指针的拐点位置,如果刚好在"0"位,则被测孔径与千分尺尺寸相等,当指针顺时针方向超过"0"位时,则表示孔径小于千分尺的尺寸;当指针逆时针方向超过"0"位时,则表示孔径大于千分尺的尺寸。

(3) 使用内径百分表的注意事项。

① 按动活动测头时,用力不能过大,在使用过程中,不得使灰尘、油污和水等进入百分表和内径百分表的手柄。

② 远离液体,不使冷却液、切削液、水或油与内径表接触。

③ 在不使用时,要摘下百分表,使表解除其所有负荷,让测量杆处于自由状态。

④ 不使用时放置到安全位置,决不允许与刀具等其他物品放在一起。

⑤使用后擦净,放入盒内固定位置,避免丢失和混用并且要在干燥的地方保存。

3. 杠杆百分表

(1)杠杆百分表的结构

杠杆百分表是利用杠杆-齿轮传动机构或者杠杆-螺旋传动机构,将尺寸变化为指针角位移,并指示出长度尺寸数值的计量器具,它可用于测量工件几何形状误差和相互位置的正确性,也可用比较法测量长度。杠杆百分表目前有正面式、侧面式及端面式等几种类型。

杠杆百分表表盘圆周上有均匀的刻度,分度值为 0.01 mm,示值范围一般为 ±0.4 mm。它的表盘是对称刻度的。杠杆百分表的外形如图 3-28 所示,它是由杠杆、齿轮传动机构等组成。杠杆测头产生位移时,带动扇形齿轮绕其轴摆动,使与其啮合的齿轮传动,从而带动与齿轮同轴的指针偏转。当杠杆测头的位移为 0.01 mm 时,杠杆齿轮传动机构使指针刚好偏转 1 格。

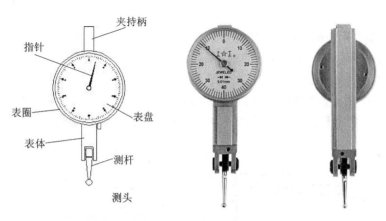

图 3-28 杠杆百分表

(2) 杠杆百分表使用 杠杆百分表体积小、精度高,杠杆测头的位移方向可以改变,因而在校正工件和测量工件时都很方便。杠杆百分表可用于测量工件的尺寸和几何误差,还可以测量小孔、凹槽、孔距和坐标尺寸等。

杠杆百分表也适合对工件上孔的轴心线和地平面的平行度进行检查,如图 3-29 所示,在对小孔进行测量或在机床上校正零件时,由于受空间限制,百分表往往放不进去或测量杆无法垂直工件被测表面,这时使用杠杆百分表就尤为方便。杠杆百分表在使用时应注意使测量运动方向与测头中心线垂直,以免产生测量误差。

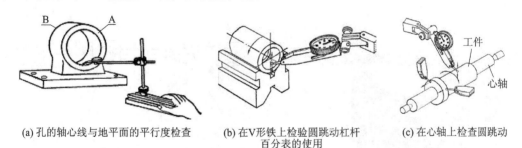

(a) 孔的轴心线与地平面的平行度检查　(b) 在V形铁上检验圆跳动杠杆百分表的使用　(c) 在心轴上检查圆跳动

图 3-29 杠杆百分表的使用

(3) 使用杠杆百分表的注意事项。

① 百分表应固定在表座或表架上,表座或表架需稳定可靠,且要有足够的刚性,其上的悬臂长度应尽量短。表装夹后如需调整,应先松开紧固螺钉,再转动轴套,不能在未松开紧固螺钉的情况下直接旋转表体。

② 测量时,不准用工件撞击测头,以免影响精度甚至撞坏百分表。为保持一定的起始测

量力,测头与工件接触时,测杆应有 0.3～0.5 mm 的压缩量。

③ 测杆上不要加油,以免油污进入表内,影响表的灵敏度。

④ 测量时,量杆与被测工件必须垂直,否则会产生误差。

⑤ 调整表的测杆轴线垂直于被测尺寸线。对于平面工件,测杆轴线应平行于被测平面;对圆柱形工件,测杆的轴线要与过被测母线的相切面平行,否则会产生很大的误差。

⑥ 测量前需调整零位。调零位时,先使测头与基准面接触,压测头到量程的中间位置,转动刻度盘使零线与指针对齐,然后反复测量同一位置 2～3 次后检查指针是否仍与零线对齐,如不齐则重调。

⑦ 测量时,用手轻轻抬起测杆,将工件放入测头下进行测量,不可把工件强行推入测头下。显著凹凸的工件不用杠杆表进行测量。

⑧ 测量时注意表的测量范围,不要使测头位移超出量程。

⑨ 不要使测杆做过多无效的运动,否则会加快零件磨损,使表失去应有精度。

⑩ 杠杆百分表的测杆轴线与被测工件表面的夹角越小,误差就越小,如图 3-30 所示。

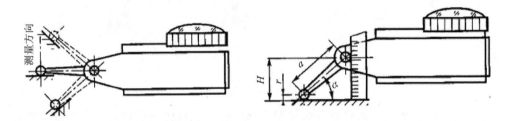

图 3-30 杠杆百分表的测杆位置

4. 杠杆千分尺

杠杆千分尺是利用杠杆原理和指示表对弧形尺架上两个测量面之间分割的距离进行读数的通用长度精密测量工具,如图 3-31 所示。杠杆千分尺不仅读数精度较高,而且因弓形架的刚度较大,测量力由小弹簧产生,比普通千分尺的棘轮装置所产生的测量力稳定,因此,它的实际测量精度也较高。

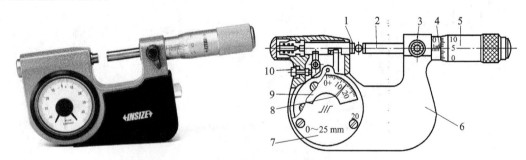

1—测砧;2—测微螺杆;3—锁紧装置;4—固定套管;5—微分筒;
6—尺架;7—盖板;8—指针;9—刻度盘;10—按钮

图 3-31 杠杆千分尺

杠杆千分尺的分度值有 0.001 mm 和 0.002 mm 两种,指示表的标尺示值范围仅为 ±0.02 mm。分度值 0.001 mm 的杠杆千分尺用于测量 IT6 级的尺寸;分度值 0.002 mm 的杠杆千分尺用于测量 IT7 级的尺寸。杠杆千分尺测量范围有 0～25 mm,25～50 mm,50～75 mm 和 75～100 mm 四种。

杠杆千分尺既可以进行相对测量,也可以像千分尺那样用作绝对测量。

杠杆千分尺作相对测量时,应根据被测工件的基准尺寸组合好量块,放入杠杆千分尺两测量面之间,将指针对零后锁紧千分尺测量杆,然后压下按钮使测砧松开,取出量块换上零件,松开按钮即可读出零件实际(组成)要素和组合量块尺寸的差值,然后通过计算可得零件实际(组成)要素。

使用杠杆千分尺进行绝对测量时,需先校准零位,其测量结果为千分尺读数±仪表指针读数。

5. 精密量仪

(1) 杠杆齿轮比较仪　杠杆齿轮比较仪又称为杠杆齿轮式测微表,它是长度测量中常用的机械式量仪之一,如图 3-32 所示。这种量仪的灵敏度和精度都很高而且轻便,所以在工厂计量室和车间应用广泛。杠杆齿轮比较仪是通过测杆的上下变化带动杠杆齿轮运动,然后将尺寸变化为指针角位移。

杠杆齿轮比较仪按其分度值可分为 0.0005 mm、0.001 mm 和 0.002 mm 三种,其测量范围按其选用的测量台架而定,一般为 0～180 mm,示值范围有 ±0.05 mm 和 ±0.1 mm 两种。

杠杆齿轮比较仪使用时需注意:使用前应将杠杆齿轮比较仪仔细擦拭干净,推动测量头查看指针移动是否灵活、平稳;应避免将比较仪平放使用;测量读数时,视线应垂直于刻度盘,以减少视差。

图 3-32　杠杆齿轮比较仪

(2) 扭簧比较仪　扭簧比较仪是利用杠杆、扭转弹簧传动的一种作相对测量用的精密量仪,如图 3-33 所示。它的主要元件是一个矩形横截面为 0.01 mm×0.25 mm 的弹簧片,弹簧片由中间向两端左右扭曲成的麻花状,其工作原理是当测量杆升降时推动杠杆摆动,杠杆摆动再带动弹簧片,这时内部的弹簧片会被拉伸或缩短,引起弹簧片转动,从而使指针偏转一个角度。扭簧比较仪分度值有 0.001 mm,0.0005 mm,0.0002 mm 和 0.0001 mm 四种,其中示值范围分别为 ±0.030 mm、±0.015 mm、±0.006 mm 和 ±0.003 mm。

图 3-33　扭簧比较仪

扭簧比较仪结构简单,其内部没有相互摩擦的零件,因此灵敏度极高,可用于计量室或车间做精密测量,但扭簧比较仪指针和扭簧易损坏,在使用中应避免冲击,使用时,一般需要安装在支座上,有时也安装在专用仪器上使用,如万能测齿仪。

3.4 测量角度的常用计量器具

万能角度尺是用来测量精密零件内外角度或进行角度画线的角度量具,按其分度值可分为 5′ 和 2′ 两种;按其尺身的形状可分为扇形（Ⅰ型）和圆形（Ⅱ型）两种。

3.4.1 扇形万能角度尺

1. 扇形万能角度尺的结构

扇形万能角度尺结构如图 3-34 所示。它由尺身、基尺、游标、角尺、直尺、夹块、扇形板和制动器等组成。使用时,基尺随着尺身相对游标转动,转到所需角度时,再用制动器锁紧。

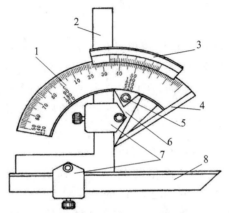

1—尺身；2—角尺；3—游标；4—基尺；
5—制动器；6—扇形板；7—夹块；8—直尺

图 3-34 扇形万能角度尺

2. 扇形万能角度尺的刻线原理及读数方法

万能角度尺的读数机构是根据游标原理制成的,尺身刻线每格为 1°。游标的刻线是将 29° 等分为 30 格,因此游标刻线每格为 29°/30,即尺身和游标一格的差值为

$$1° - \frac{29°}{30} = \frac{1°}{30} = 2′$$

也就是说万能角度尺的分度值为 2′。

万能角度尺的读数方法与游标卡尺相似,先读出游标零刻度线前的整度数,再判断游标上第几格的刻线与尺身上的刻线对齐,读出"分"的数值,两者相加就是被测零件的角度数值。

测量时应先校准零位,万能角度尺的零位是当角尺与直尺均装上,而角尺的底边、基尺和直尺之间无间隙接触,此时尺身与游标的零线对准。调整好零位后,通过改变基尺、角尺、直尺的相互位置即可测试 0~320° 范围内的任意角。

3. 万能角度尺测量范围

测量工件时,要根据被测角度选用万能角度尺的测量尺,如图 3-35 所示。

① 如图 3-35(a)所示为测量 0°~50° 的角度,将角尺和直尺全都装上,然后把零件的被测部位放在基尺和直尺的测量面之间进行测量。

② 如图 3-35(b)所示为测量 50°~140° 的角度,把角尺卸掉,把直尺装上去,使它与扇形

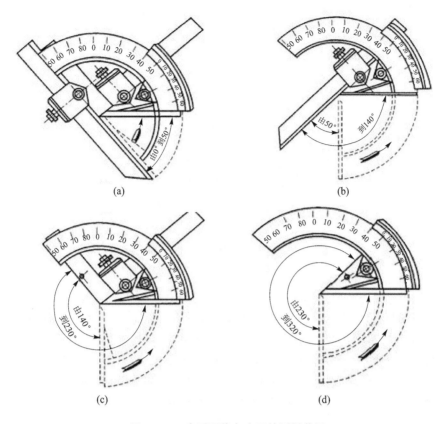

图 3-35 扇形万能角度尺的测量范围

板连在一起,然后将工件的被测部位放在基尺和直尺的测量面之间进行测量。

③ 如图 3-35(c)所示为测量 140°~230°的角度,把直尺和夹块卸掉,调整角尺位置,直到角尺短边以及长边的交线和基尺的尖棱对齐为止。然后将工件的被测部位放在基尺和角尺短边的测量面之间进行测量。

④ 如图 3-35(d)所示为测量 230°~320°的角度。

把角尺、直尺和夹块全部卸掉,只留下扇形板和主尺(带基尺),然后把工件的被测部位放在基尺和扇形板测量面之间进行测量。

4. 使用万能角度尺的注意事项

① 要根据被测零件的不同角度,正确搭配使用直尺和角尺。
② 使用前先校准零位,基尺和直尺贴合面应不漏光,尺身和游标的零线应对齐。
③ 测量时,零件应与万能角度尺的两个测量面在全长上接触良好,避免误差。

3.4.2 圆形万能角度尺

圆形万能角度尺的结构如图 3-36 所示,它是由直尺、转盘、定盘和固定角尺等组成,其中,直尺可沿其长度方向任意移动并固定,转盘上有游标。测量时只要转动转盘,直尺就随着转盘转动,并与固定角尺基准面间形成一定的角度,它可以测量 0~360°的任意角度。

圆形万能角度尺的刻线原理及读数:

定盘上刻度线的每格是 1°,转盘上自零度线起,左右各刻有 12 等分角度线,其总角度是

23°。所以游标每格的度数是 23°/12＝115′＝1°55′，定盘上 2 格与转盘上游标 1 格相差度数是 2°－1°55′＝5′，表示这种万能角度尺的分度值为 5′。

圆形万能角度尺的读数方法与扇形万能角度尺基本相同，只是被测角度"分"的数值为游标格数乘以分度值 5′。

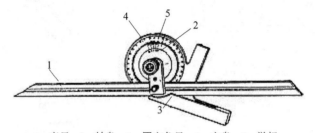

1—直尺；2—转盘；3—固定角尺；4—定盘；5—游标

图 3-36 圆形万能角度尺的结构与刻线

3.4.3 正弦规

正弦规是根据正弦原理设计的用于精密测量角度的计量器具，一般用来测量带有锥度或角度的零件，如图 3-37 所示。它主要由一块准确钢制主体（长方体）和固定在其两端的两个相同直径的钢圆柱体组成，其两个圆柱体的中心距要求很准确，两圆柱的轴心线距离 L，一般有 100 mm 和 200 mm 两种。工作时，两圆柱轴线与主体严格平衡，且与主体相切，此外，为了便于被检零件在平板表面上定位和定向，在侧面装有挡板。其规格如表 3-5 所列。

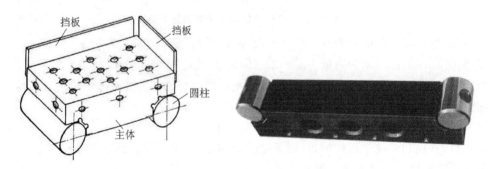

图 3-37 正弦规

正弦规可用于精密测量，也可用于机床上加工带角度零件的精密定位。利用正弦规测量角度和锥度时（适宜测量小于 45°的角度），测量精度在 $\pm 3″ \sim \pm 1″$ 范围内。

表 3-5 正弦规的规格

mm

两圆柱中心距	圆柱直径	工作台宽度		精度等级
		窄 型	宽 型	
100	20	25	80	0.1 级
200	30	40	80	

1. 正弦规的工作原理和使用方法

应用正弦规测量角度时，先把正弦规放在精密平台上，然后把被测零件放在正弦规的工作平面上,一圆柱与平板接触,另一圆柱下垫量块,用百分表检查零件全长的高度,调整量块的尺寸,使百分表在零件全长上的读数相同,这时正弦规的工作平面与平板间形成一角度,如图 3-38 所示。此时,就可由直角三角形的正弦公式,算出零件的角度。

$$\sin \alpha = \frac{H}{L}$$

式中:sin 为正弦函数符号,α 为被测零件的锥角(度),H 为量块组的高度(mm),L 为正弦规两圆柱的中心距(mm)。

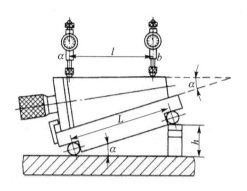

图 3-38 正弦规检测图

用正弦规测量圆锥塞规时,首先根据被测工件的理论锥角 α,由 $H = L \sin \alpha$ 计算出量块组尺寸并组合量块,然后将组合量块其放在平板上和正弦规的一个圆柱接触,此时正弦规主体工作平面相对平板倾斜了 α 角。然后再将被测工件放在正弦规上,用指示表分别测量 a、b 两点,如果被测的圆锥角恰好等于理论锥角,则指示表 a、b 两点的示值相同;如被测圆锥角有误差,则 a、b 两点示值就有差值 n,那么 a、b 两点的读数之差 n 与 a、b 两点距离 l 之比即为锥度偏差 Δc

$$\Delta c = n/l$$

再根据 $1 \text{ rad} \approx (2 \times 10^5)''$,可将锥度偏差值换算以秒为单位表示,即可求得圆锥角偏差 Δα

$$\Delta \alpha = 2 \times 10^5 \times \Delta c$$

【例 3-3】 某正弦规中心距 $L = 200$ mm,在该正弦规的一个圆柱下垫入的量块高度 $H = 10.06$ mm,此时百分表在零件全长的读数相同,计算该零件圆锥角。

【解】

$$\sin \alpha = \frac{H}{L} = \frac{10.06}{200} = 0.0503$$

查正弦函数表得 α=2°53′,即实际圆锥角为 2°53′。

2. 使用正弦规的注意事项

① 要轻拿轻放,不要强烈振动、碰撞,以防两圆柱松动。
② 严禁放在平板上随意推来推去,以防圆柱磨损、失去精度。
③ 用完后用汽油清洗干净并涂上防锈油,以防止零件因受损、生锈而造成对精度的影响。

3.5 其他计量器具简介

3.5.1 塞 尺

塞尺是由一组具有不同厚度级差的薄钢片组成的量规,又称厚薄规,如图3-39所示。塞尺是用于检验间隙的测量器具之一,塞尺一般用不锈钢制造,最薄的为0.02 mm,最厚的为3 mm,自0.02~0.1 mm间,各钢片厚度级差为0.01 mm;自0.1~1 mm间,各钢片的厚度级差一般为0.05 mm;自1 mm以上,钢片的厚度级差为1 mm。

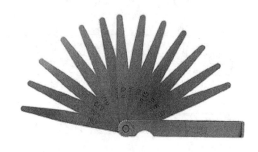

图3-39 塞 尺

1. 塞尺使用方法

① 使用前需将塞尺测量表面擦拭干净,不能在塞尺沾有油污的情况下进行测量,否则将影响测量结果的准确性。

② 将塞尺放入被测间隙中,来回拉动塞尺,若感到稍有阻力,说明该间隙值接近塞尺上所标出的数值;如果拉动时阻力过大或过小,则说明该间隙值小于或大于塞尺上所标出的数值。

③ 进行间隙的测量和调整时,先选择符合间隙规定的塞尺放入被测间隙中,然后一边调整,一边拉动塞尺,直到感觉稍有阻力时拧紧锁紧螺母,此时塞尺所标出的数值即为被测间隙值。

2. 使用塞尺的注意事项

① 不允许在测量过程中剧烈弯折塞尺,或用较大的力硬将塞尺放入被检测间隙,这样容易损坏塞尺的测量表面或零件表面的精度。

② 使用完后,应将塞尺擦拭干净,并涂上一薄层工业凡士林,然后将塞尺折回夹框内,以防止锈蚀、弯曲或变形。

③ 在存放时,不能将塞尺放在重物下,以免损坏塞尺。

3.5.2 直角尺

直角尺是一种用来检测直角和垂直度误差的定值量具,它的结构形状很多,其中常用的是宽度直角尺也称为90°角尺,如图3-40所示。宽度直角尺制造精度有00级、0级、1级和2级四个精度等级。00级直角尺一般用于检验精密量具;0级1级用于检验精密零件;2级用于检验一般零件。

直角尺的结构简单,可以检测零件的内外角,并可用于划线和基准的校正,结合塞尺还可以检测零件被测表面和基准面之间的垂直度误差,如图 3-41 所示。

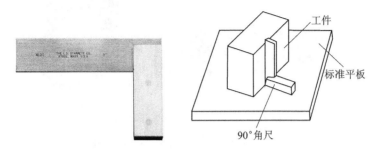

图 3-40　宽度直角尺　　　　图 3-41　直角尺的应用

3.5.3　检验平尺

检验平尺是用来检验零件的直线度和平面度的量具。通常有两种类型:一种是样板平尺,根据形状可分为刀口尺、三棱检验平尺和四棱检验平尺,其中三棱检验平尺具有角度互为 60°的三个测量面的刀口形直尺,如图 3-42 所示;另一种是宽工作面平尺,常用的有矩形平尺、工字型平尺和桥型平尺,如图 3-43 所示。

检验时样板平尺的棱边或宽工作面平尺的工作面紧贴零件的被测表面,样板平尺和宽工作面平尺分别通过透光法和着色法来检验工件的直线度或平面度。

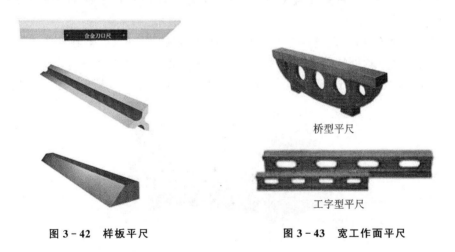

图 3-42　样板平尺　　　　　　　图 3-43　宽工作面平尺

3.5.4　水平仪

水平仪是一种用来测量被测平面相对水平面微小角度的计量量具,主要用于测量相对于水平位置的倾斜角、机床类设备导轨的平面度和直线度误差、设备安装的水平位置和垂直位置等。水平仪有电子水平仪和水准式水平仪(也称为气泡式水平仪),常用的水准式水平仪又分为条式水平仪、框式水平仪和合像水平仪三种,其中框式水平仪应用最广,如图 3-44 所示。

框式水平仪由纵向、横向水准器和框架等组成。框架为正方形,除有安装水准器的下测量面外,还有一个与之垂直的侧测量面(两测量面均带有 V 形槽),当其侧测量面与被测表面相靠时,可检测被测表面与水平面的垂直度,其规格有 150 mm×150 mm,200 mm×200 mm,

图 3-44　条式水平仪和框式水平仪

250 mm×250 mm,300 mm×300 mm 等几种,常用的为 200 mm×200 mm。

　　水平仪的外形是用高级钢料制造的架座,经精密加工后,其架座底座必须平整,座面中央装有纵长圆曲形状的玻璃管,也有在左端附加横向小型水平玻璃管,管内装有乙醚或乙醇,并留有一小气泡,气泡的位置随被测表面相对水平面的倾斜程度而变化,并永远位于管中最高点。

　　使用水平仪前先进行检查:将水平仪放在平板上,读取气泡的刻度大小,然后将水平仪反转置于同一位置,再读取其刻度大小,若读数相同,即表示水平仪底座与气泡管相互间的关系是正确的。否则,需用微调螺丝调整直到正反读数完全相同,才可进行测量。

3.5.5　偏摆仪

　　偏摆仪是工厂中常用的一种计量器具,一般用铸铁制成,偏摆仪利用两顶尖来定位轴类零件,当转动被测零件时,测头在被测零件径向方向上直接测量零件的径向跳动误差,如图 3-45 所示。

　　该仪器结构简单、精度高、操作方便,其顶尖座手压柄可快速装卸被测零件,测量效率高。

　　偏摆仪是精密的检测仪器,需要操作者熟练掌握仪器的操作技能并指定专人精心地维护保养。进行检测时工件应小心轻放,导轨面上不允许放置任何工具或工件。

图 3-45　偏摆仪

3.5.6　检验平板

　　检验平板在机械制造中是不可缺少的基本工具,一般是采用优质细密的灰口铸铁、合金铸铁或花岗石等材料制成,有非常精确的工作平面,其平面度误差极小。在检验平板上,利用指示表、方箱和 V 形架等辅助工具可以进行各种检测,常用的检验平板如图 3-46 所示,其工作面硬度为 170～220HB。主要用途:用作精密测量的基准平面;用于机床机械检验测量的基准;用于检查零件的尺寸精度;并用作精密划线等。检验平板精度按国家标准计量检定规程可分别为 00、0、1、2 和 3 级五个级别,其规格范围(长×宽) 200 mm×200 mm～3 000 mm×6 000 mm。

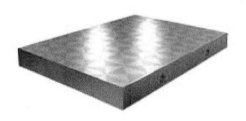

图 3-46 检验平板

3.5.7 数显量具、量仪

数显量具、量仪都是使用容栅传感器,利用电容的耦合方式将机械位移量转变成为电信号,该电信号进入电子电路后,再经过一系列变换和运算后显示出机械位移量的大小。如图 3-47 所示各类数显卡尺、百分表、测厚仪、电子秤、拉力计和深度游标卡尺等。

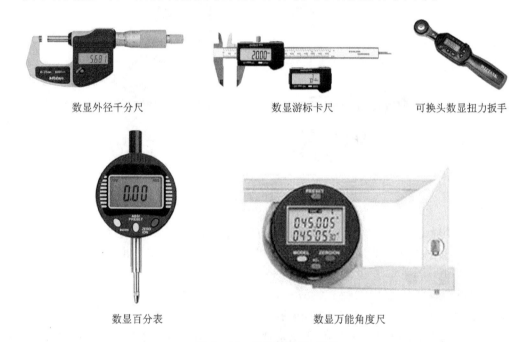

数显外径千分尺　　　　数显游标卡尺　　　　可换头数显扭力扳手

数显百分表　　　　　　数显万能角度尺

图 3-47 各数显量具、量仪

数显量具的灵敏阈一般为 0.01 mm,允许的测量移动速度仅 0.6 m/s,因而用数显量具测量时,用力要平稳,不宜过猛。此外,数显量具还具有以下特殊功能。

① 可在任意位置清零,便于实现相对测量。
② 可随时进行英制和公制的转换。
③ 有些数量量具带有输出端口可输入电脑或专用打印机进行数据处理。
④ 数显量具因其电子组件的封装方式不同,不同量具还可具有其他多种不同的使用功能:如可进行绝对和相对测量直径相互转换;可预置数值(测量初始值);可设置公差并显示测量结果是否合格,超差可显示超差状态(偏大或偏小);可设置在测量中跟踪极大值或极小值;可瞬间保持测量数据,这在不便于读数的情况下特别有用(点按某按键,即刻锁定测量值,然后

将数显卡尺移开到方便处观察测量结果)等。

3.6 光滑极限量规

3.6.1 量规的功用及分类

量规是一种没有刻度的定值检验量具，属于专用量具。根据被检验零件不同，可分为光滑极限量规、直线尺寸量规、圆锥量规、综合量规、螺纹量规和花键量规等，如图3-48所示。

(a) 各种轴用量规(环规和卡规)   (b) 各种孔用量规(塞规)

(c) 锥度量规   (d) 螺纹量规

图 3-48　各种常用量规

光滑极限量规是指被检验零件为光滑孔或光滑轴所用的极限量规的总称，用光滑极限量规检验零件时，只能判断零件是否在规定的验收极限范围内，而不能测出零件提取组成要素的局部尺寸。

光滑极限量规的标准为 GB/T 1957—2006，适用于检测零件的公称尺寸小于或等于 500 mm 并且公差等级在 IT6～IT16 之间的孔或轴。

光滑极限量规有塞规和卡规之分，无论塞规或卡规都有通规和止规，且成对使用。一端为通规，代号 T；一端为止规，代号 Z。塞规是孔用极限量规，它的通规是依据孔的下极限尺寸确定的，止规是依据孔的上极限尺寸确定的；卡规是轴用极限量规，它的通规是按轴的上极限尺寸确定的，止规是按轴的下极限尺寸确定的。

量规结构简单、制造容易、使用方便、可靠，检验效率高，并且可以保证零件在生产中的互换性，因此广泛应用于成批大量生产中对零件和产品的检验。

根据量规用途可分为工作量规、验收量规和校对量规三种。

1. 工作量规

在零件制造过程中，操作者对零件进行检验时所使用的量规。

2. 验收量规

检验人员或用户代表在验收产品时所用的量规。验收量规一般不需要另行设计和制造，它是由磨损较多,但未超过磨损极限的工作量规中挑选出来的,验收量规的止规应接近零件最小实体尺寸。这样规定可避免生产者自检与验收人员验收时的不一致。

在使用量规检验零件时,如果对判断有争议,国标规定应使用通规等于或接近零件的最大实体尺寸。止规等于或接近零件最小实体尺寸的量规解决。

3. 校对量规

校对量规是用来检验工作量规的量规。使用通用计量器具对孔用工作量规进行校对很方便,所以不需要校对量规,只有轴用工作量规才需要设计和使用校对量规。

3.6.2 量规设计原则

1. 设计原则

当设计的轴和孔要求遵守包容原则时,用来检验该轴和孔的光滑极限量规的设计应符合泰勒原则(即极限尺寸判断原则),所谓泰勒原则是指遵守包容要求的单一要素(孔或轴)的提取组成要素不得超越最大实体边界(MMB),其提取组成要素的局部尺寸不得超出最小实体尺寸(LMS)。

2. 量规结构形状

光滑极限量规的设计应符合极限尺寸判断原则(泰勒原则),根据这一原则,通规测量面应设计为全形(轴向剖面为整圆)且尺寸应等于被测孔或轴的最大实体尺寸,其长度应与被测孔或轴的配合长度一致,用于控制零件的提取组成要素的。止规测量面应设计成两点式,测量面的长度应短些,其尺寸应等于被测孔或轴的最小实体尺寸,用于控制零件的提取组成要素的局部尺寸。

但在实际应用中极限量规常偏离上述原则,例如:为了用已标准化的量规,允许通规的长度小于结合面的全长;对于尺寸大于 100 mm 的孔,用全形塞规通规很笨重,不便使用,允许用不全形塞规;环规通规不能检验正在顶尖上加工的零件及曲轴,允许用卡规代替;检验小孔的塞规止规,为了便于制造常用全形塞规。

必须指出只有在保证被检验零件的形状误差不致影响配合性质的条件下,才允许使用偏离泰勒原则的量规。

3. 量规的其他计算要求

量规测量面的材料可用合金工具钢、渗碳钢、碳素工具钢、其他耐磨材料或在测量表面镀以厚度大于磨损量的在镀铬层、氮化层等耐磨材料,量规测量表面的硬度对量规使用寿命影响很大,其测量面的硬度应在 58~65HRC。量规测量面的表面粗糙度主要是从量规使用寿命、零件表面粗糙度和量规制造的工艺水平等方面进行考虑。一般量规工作面的粗糙度要求比被检查的零件的粗糙度要求要严格一些,如表 3-6 所列。

表 3-6 量规测量面的表面粗糙度参数 Ra

工作量规	零件公称尺寸/mm		
	≤120	120~315	315~500
	Ra 最大允许值/μm		
IT6 级孔用量规	≤0.025	≤0.05	≤0.1

续表 3-6

工作量规	零件公称尺寸/mm		
	≤120	120～315	315～500
	Ra 最大允许值/μm		
IT6 至 IT9 级轴用量规	≤0.05	≤0.2	≤0.2
IT6 至 IT9 级孔用量规			
IT10 至 IT12 级孔、轴用量规	≤0.1	≤0.2	≤0.4
IT13 至 IT16 级孔、轴用量规	≤0.2	≤0.4	≤0.4

3.6.3 轴用量规

检验零件轴径的量规也称为卡规,如图 3-48(a)所示。被测轴的尺寸小于 100 mm 时,通规应为全形环规;尺寸大于 100 mm 时,通规为不全形卡规。止规类型均为卡规。生产中使用较多的,其通规与止规均为不全形的卡规。

1. 卡规工作原理

卡规由两个测量规组成,其工作表面是平面。卡规的一端为通规,通规按被检验轴的上极限尺寸制造,另一端为止规,按被检验轴的下极限尺寸制造,如图 3-49 所示。

利用卡规两端可以判断被检尺寸是否在允许的范围内,如通规能通过,表示轴径尺寸小于上极限尺寸;止规不能通过,则表示轴径尺寸大于下极限尺寸。

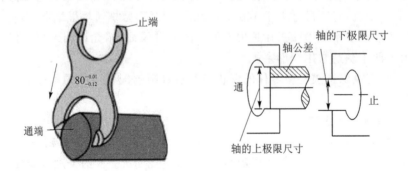

图 3-49 卡规的工作原理

2. 卡规使用方法

用卡规的通规检验零件时,尽可能从轴的上面来检验,手持卡规,借助卡规自身的质量,从轴的外圆滑下去,切忌用力强行通过;如从水平方向检验,则一手持零件,一手持卡规,将通规轻轻向轴滑过去。

检验零件时,只有通规能通过且止规不能通过才表示零件合格,否则零件不合格,如图 3-50 所示。

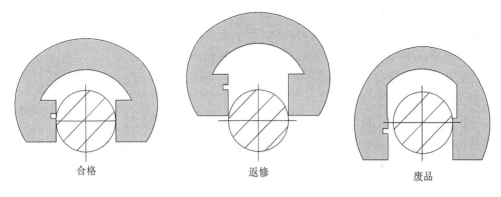

图 3-50　卡规的使用

3.6.4　孔用量规

检验孔径的量规按标准采用不同的类型,如图 3-48(b)所示。被测孔的尺寸小于或等于 100 mm 时,通规为全形塞规,尺寸大于 100 mm 时,通规为不全形塞规;被测孔的尺寸小于 18 mm 时,止规为全形塞规,尺寸大于 18 mm 时,止规为不全形塞规。在实际生产中,为便于使用,通规和止规通常做成相同类型。

1. 塞规工作原理

生产中使用的塞规多为双头全形塞规,其工作表面为圆柱形,塞规的一端为通规,其尺寸按被检验孔的下极限尺寸制造;另一端为止规,其尺寸按被检验孔的上极限尺寸制造,如图 3-51 所示。

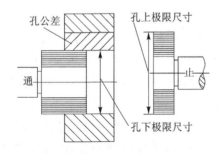

图 3-51　孔用塞规工作原理

检验零件时,如通规能通过,表示孔径大于下极限尺寸;止规不能通过,表示孔径小于上极限尺寸。这样可以判断被检尺寸是否在允许的范围之内。

2. 塞规使用方法

用全形塞规检验垂直位置的被测孔,应从上面检验;对于水平位置的被测孔,要顺着孔的轴线,将通规轻轻送入孔中,不允许将塞规用力推或一边旋转一边推。

3.6.5　圆锥量规

1. 圆锥量规的工作原理

圆锥量规是检验相应圆锥配合工件的锥角和圆锥直径的量具,可分为圆锥塞规(检验锥孔)和圆锥套规(检验外锥体)两种,如图 3-48(c)所示。圆锥量规的锥形表面制造得很精密。在圆锥塞规和套规上有一个台阶形的缺口或刻上两条环形刻线,台阶两端面或两条刻线处直径就是被测锥面大(或小)端直径的极限尺寸,如图 3-52 所示。

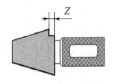

图 3-52 圆锥量规

2. 圆锥量规的使用方法

用圆锥量规检验零件锥角时,先在外锥面上沿母线方向均匀涂抹 3～4 条极薄的红丹粉或蓝油线条,再将内、外锥体轻轻贴合,并相对转动 60～120 度,然后将内、外锥体分离,看外圆锥面涂料是否被均匀抹去,接触面积越多,锥度越好,反之则不好,一般用标准量规检验锥度接触面积要在 75%以上,而且接触面积越靠近大端越好,该方法称为涂色法,涂色法只能用于精加工表面的检验。

锥角检验完后,再检验被测锥体的尺寸,此时只需内、外圆锥轻轻贴合,如果被测锥体的端面正好位于圆锥量规的缺口处或两条刻线之间时,则表示其锥面的大(或小)端直径尺寸合格,否则为不合格。

3.7 计量器具的维护保养

为了使在用计量器具处于正常完好的状态,保证测量的准确可靠和计量器具的精度,计量器具操作人员应正确、合理使用计量器具,并做好日常维护保养工作。

(1) 合理选用计量器具,不得用高精度量具测量低精度零件。

(2) 保持计量器具的清洁。测量前应将零件的测量面和被测零件的被测表面擦洗干净,以免赃物影响精度;测量后对计量器具要进行必要的保养,擦净油污、铁屑,如测量面接触水液,需用清洁汽油擦洗干净(不可使用丙酮、酒精等),然后在工作面涂上防锈油。计量器具放入量具盒前应使两测量面保持一定缝隙,以防测量面锈蚀,对正常用的量具要定期进行保养。

(3) 计量器具在使用中,不允许和刀具放在一起,以免碰伤计量器具;也不宜随便放在机床上,以免因振动而使量具掉下造成损坏。

(4) 计量器具不能当作其他工具使用,如将卡尺的量爪当划线工具等。

(5) 计量器具不能在机床还在转动时就去测量工件,应待被测工件处于静态后进行,以防测量人员发生危险和损坏量具。

(6) 温度对测量结果的影响很大,精密测量时一定要在环境温度 20℃左右进行;一般测量在室温下进行即可,但必须保证使零件和量具的温度一致。

湿度对测量结果的影响也很大,光学量仪等精密测量工具最好在恒温室,维持室内 20℃左右,相对湿度不超过 60%,否则零件易锈蚀或电子元件易损坏。

(7) 测量工具不能放在磁场附近,如磨床的磁性工作台上,以免使工具磁化。

(8) 计量器具有不正常现象时,如表面不平、有毛刺、有锈斑、尺身弯曲、活动不灵活等,不允许自行拆卸,应交计量室检修。

(9) 在使用表类量具测量时,应保持垂直零件被测表面,不允许对量具进行剧烈冲击或震动,以免影响测量精度,使用完毕后,应立即将量具拆下,放入盒内。

（10）保养计量器具时，要将量具存放在清洁、干燥、无震动、无腐蚀气体的地方，并收集好量具的检定合格书，严格执行检定周期，按时送计量部门检定，以免其示值误差超差而影响测量结果。

习 题

1. 什么是测量？什么是检验？
2. 简述量具和量仪之间的区别。
3. 直接测量和间接测量有什么区别？绝对测量和相对测量又有何区别？
4. 简述测量误差产生的原因。
5. 说明精度为 0.05 mm 的游标卡尺的刻线原理。
6. 简述游标卡尺的读数方法，并读出习题图 3-1 的游标读数。

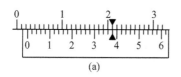 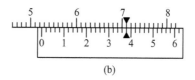

习题图 3-1　游标卡尺的读数

7. 简述外径千分尺的读数原理。
8. 说明外径千分尺的读数方法，并读出习题图 3-2 的千分尺读数。

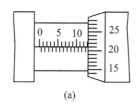 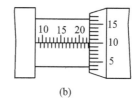

习题图 3-2　外径千分尺的读数

9. 量块在结构和使用上有何特点？它主要用于什么场合？
10. 简述百分表的工作原理及其主要应用场合。
11. 常用高精度的比较仪有哪两种？它们的分度值和示值范围怎么样？
12. 简述分度值为 $2'$ 的万能角度尺的刻线原理。
13. 简述扇形万能角度尺的读数方法，并读出习题图 3-3 的角度数值。
14. 用中心距为 100 mm 的正弦规测量莫氏 2 号锥度塞规，其基本圆锥角为 $2°51'40.8''$（$2.861332°$），试确定量块组的尺寸。如测量时千分表两测量点 a,b 相距为 $l=60$ mm，两点处的读数差 $n=0.010$ mm，且 a 点比 b 点高（即 a 点的读数比 b 点大），试确定该锥度塞规的锥度误差，并确定实际锥角的大小。
15. 什么是数显卡尺？最常用的是哪一种？
16. 光滑极限量规有何它特点？然后判断工件是否合格？

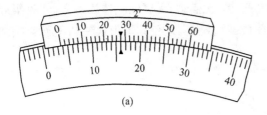 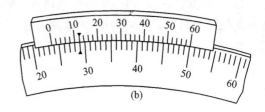

习题图 3-3　万能角度尺的读数

17. 光滑极限量规的设计原则是什么？说明其含义。
18. 为什么要对计量量具进行周期检定？

第4章 几何公差及其检测

【学习目标】
(1) 理解几何公差相关的概念及其特点。
(2) 熟悉几何公差的项目分类、名称和符号。
(3) 理解几何公差的公差带形状的意义。
(4) 掌握几何公差的各种标注方法。
(5) 能够熟练进行几何公差的解读。
(6) 了解几何公差常用的检测方法。

4.1 概　述

零件在加工过程中,由于多种因素的影响,会出现各种误差,既有尺寸方面的误差,也有形状和位置方面的误差。所以,零件加工,不但要保证尺寸精度,还要保证几何精度(形状和位置精度),这样才能保证零件的加工质量。

几何公差和尺寸公差一样,是衡量产品质量的重要技术指标之一。零件的几何误差对产品的工作精度、密封性、运动平稳性、耐磨性和使用寿命等有很大的影响,特别对那些经常处于高速、高温、高压和重载条件下工作的零件影响更大。

如图4-1所示的轴,尽管轴各段横截面的尺寸都控制在尺寸公差范围内,但是该轴发生弯曲,无法与配合孔正常装配,如果强行装配,就会改变原设计的配合性质,也就是说零件在加工过程中,既有尺寸误差,也有几何误差(形状和位置误差)。为了保证机器零件的互换性的要求,除了需要控制尺寸误差以外,还必须对零件提出形状和位置的精度要求。

所谓几何精度(又称形位精度),就是指构成零件的形状和位置要素与理想形状和位置要素相符合的程度,几何公差就是限制零件实际要素变动的区域。

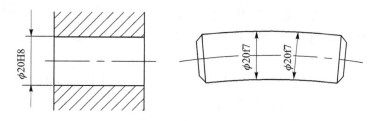

图4-1　几何误差对配合的影响

4.2 几何公差的基本概念

【学习目标】

学习并掌握几何公差的研究对象、误差、公差带等基本概念,为识读和使用几何公差打好基础。

4.2.1 零件的要素

几何公差的研究对象是指构成零件的具有几何特征的点、线和面。这些点、线和面统称为要素。如图4-2所示的零件就是由各个要素组成的几何体,它是由顶点、球心、轴线、圆柱面、球面、圆锥面和平面等要素组成。

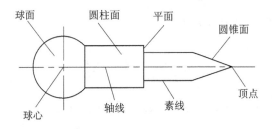

图4-2 零件几何特征的要素

4.2.2 要素的分类

1. 按存在形态分类

(1) 拟合要素 拟合要素是具有几何学意义的要素,它是具有理想形状的点、线、面。该要素绝对准确,没有任何误差。

(2) 提取要素 提取要素为零件上实际存在的要素,通常用测量所得到的要素来代替。由于加工误差的存在,以及测量过程中存在测量误差,因此测得的要素状况并非提取要素的真实状况。

2. 按所处的地位分类

(1) 被测要素 被测要素是在图样上给出几何公差要求的要素,被测要素即为图样上几何公差代号箭头所指的要素。如图4-3所示,$\phi 100f6$ 外圆和 $40_{-0.050}^{0}$ 右端面是被测要素。

(2) 基准要素 基准要素是用来确定被测要素的方向或(和)位置的要素,理想的基准要素称为基准,如图4-3所示,$\phi 45H7$ 的轴线和 $40_{-0.050}^{0}$ 的左端面都是基准。

3. 按几何特征分类

(1) 组成要素 组成要素是构成零件外形的点、线、面,它是可见的,是能直接为人们所感觉到的。如圆柱面、圆锥面、球面、素线等。

如图4-3所示 $\phi 100f6$ 圆柱表面、左右两个端面和孔 $\phi 45H7$ 的内表面都属于为组成要素。

(2) 导出要素 导出要素表示组成要素对称中心的点、线、面，导出要素不可见，不能为人们所直接感觉到，但能通过相应的组成要素来模拟体现。

如图 4-3 所示的 ϕ100f6 外圆轴线和 ϕ45H7 内孔轴线都属于导出要素。

导出要素分为提取导出要素和拟合导出要素。提取导出要素是指由一个或几个提取组成要素得到的中心点、中心线或中心面；拟合导出要素是指由一个或几个拟合组成要素得到的中心点、轴线或中心平面。

4. 按功能要求分类

(1) 单一要素 单一要素是指仅对被测要素本身给出形状公差要求的要素，它是独立的，与基准要素无关，如图 4-4 中所示的 ϕd_2 的圆柱面。

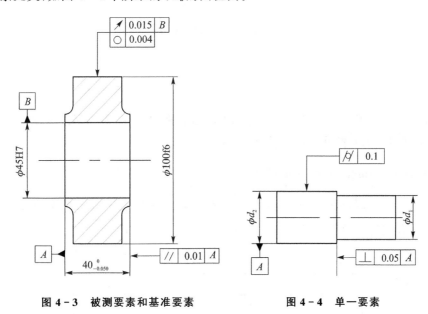

图 4-3 被测要素和基准要素　　图 4-4 单一要素

(2) 关联要素 关联要素是对基准要素有功能关系并给出方向、位置或跳动公差要求的要素。

4.2.3 零件几何误差的概念

零件精度主要包括尺寸精度、形状精度、位置精度和表面粗糙度四项内容。从加工角度看，加工零件总是存在一定误差，为了保证零件的互换性，必须对零件的几何误差加以合理的限制。

所谓零件的几何误差就是被测提取要素相对拟合要素的变动量，变动量越大，误差就越大。例如对有几何形状误差的实际平面进行平面度误差检测时，可用理想平面（无形状误差的平面）与这个实际平面作比较就可以找出这个被测实际平面的平面度几何误差的大小，如图 4-5 所示。

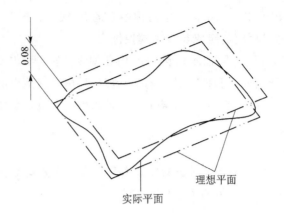

图 4-5 实际平面和理想平面的比较

4.3 几何公差带

由于加工误差客观存在、无法避免,为了生产出合格的零件,要求误差必须在规定的公差内变动,以达到零件的互换性和使用性能要求。

4.3.1 几何公差的特征项目及符号

几何公差可分为形状公差、方向公差、位置公差和跳动公差,以下是根据国家标准的规定的几何公差的几何特征及符号,如表 4-1 所列。

表 4-1 几何公差的几何特征和符号

公差类型	几何特征	符 号	有无基准
形状公差	直线度	—	无
	平面度	▱	无
	圆度	○	无
	圆柱度	⌭	无
	线轮廓度	⌒	无
	面轮廓度	⌓	无
方向公差	平行度	∥	有
	垂直度	⊥	有
	倾斜度	∠	有
	线轮廓度	⌒	有
	面轮廓度	⌓	有

续表 4-1

公差类型	几何特征	符 号	有无基准
位置公差	位置度	⊕	有或无
	同心度（用于中心点）	◎	有
	同轴度（用于轴线）	◎	有
	对称度	=	有
	线轮廓度	⌒	有
	面轮廓度	⌒	有
跳动公差	圆跳动	↗	有
	全跳动	↗↗	有

4.3.2 几何公差带

1. 几何公差带定义

加工后的零件,其形状和位置都有可能产生误差,为了限制误差,可根据零件的功能要求,对被测要素给出一个允许变动的区域,当被测要素位于这一区域内即为合格;超出区域则为不合格,几何公差带就是指限制被测要素变动的区域。

2. 几何公差带的要素

几何公差带主要由形状、大小、方向和位置四个要素构成。

(1) 公差带的形状 几何公差带的形状由各个公差项目、被测要素和基准要素的几何特征来确定,如圆度公差带形状是两同心圆之间的区域;对于直线度,当被测要素为给定平面内的直线时,公差带形状是两平行直线间的区域;当被测要素为轴线时,公差带是一个圆柱内包含的区域。根据公差的几何特征及其标注方式,公差带的主要形状具体如表 4-2 所示。

表 4-2 几何公差带形状

序 号	公差带形状	符 号
1	两平行直线之间的区域	 =
2	两等距曲线之间的区域	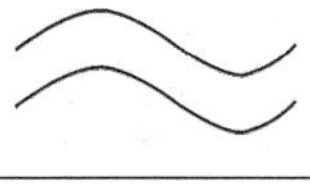 ≈
3	两平行平面之间的区域	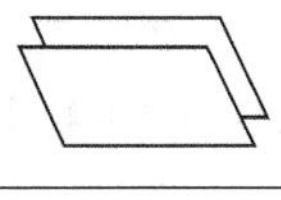 ▱
4	两等距曲面之间的区域	 ⌒⌒

续表 4-2

序 号	公差带形状	符 号
5	一个圆内的区域	 ○
6	一个圆球面内的区域	 (球形图示)
7	两同心圆之间的区域	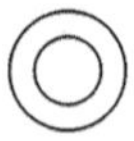 ◎
8	一个圆柱面内的区域	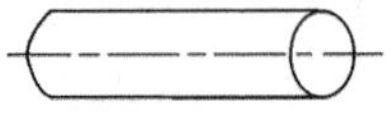 (圆柱图示)
9	两同轴圆柱面之间的区域	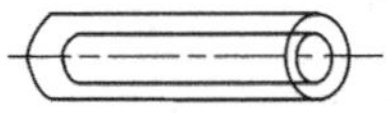 (同轴圆柱图示)

(2) 公差带的大小　几何公差带的大小用公差值表示,是指公差带的宽度、直径或半径差的大小。

(3) 公差带的方向　公差带的方向就是评定被测要素误差的方向。

对于形状公差带,其放置方向应符合最小条件;对于方向公差带,由于控制的是方向,故其放置方向要与基准要素成绝对理想的方向关系,即平行、垂直或理论准确的其他角度关系。

对于位置公差,除点的位置度公差外,其他控制位置的公差带都有方向问题,其放置方向由相对于基准的理论正确尺寸来确定。

(4) 公差带的位置。

① 对于形状公差带,只是用来限制被测要素的形状误差,本身不做位置要求,因此形状公差带可在尺寸公差带允许的范围内任意浮动。

② 对于方向公差带,强调的是相对于基准的方向关系,它与被测要素相对于基准的尺寸公差有关。

③ 对于位置公差带,强调的是相对于基准的位置(其必包含方向)关系,公差带的位置由相对于基准的理论正确尺寸确定。

4.4　几何公差带的标注

4.4.1　几何公差的框格和指引线

几何公差的标注采用框格形式,框格用细实线绘制,如图 4-6 所示,每一个公差框格内只能表达一项几何公差的要求,公差框格根据公差的内容要求可分两格和多格,框格内从左到右要求填写以下内容。

第一格:几何特征符号。

第二格:几何公差数值和有关符号。
第三格和以后备格:基准符号的字母和有关符号。

形状公差无基准,只有两格,如图 4-7 所示;位置公差需要同时表达的内容可用三格或多格,如图 4-8 所示。

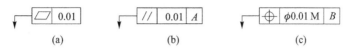

图 4-6 几何公差的标注

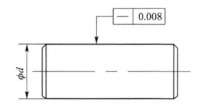

图 4-7 形状公差的标注

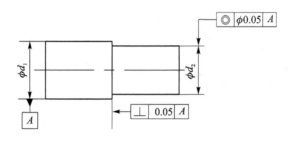

图 4-8 位置公差的标注

4.4.2 基准要素的符号

在图形标注中,与被测要素相关的基准用一个大写字母表示,为避免误解,国家标准规定禁用 E、F、I、J、L、K、O、P、R 这 9 个字母,因为它们在几何公差中另有含义。字母标注在基准方格中,与一个涂黑的或空白的三角形相连来表示基准,如图 4-9 所示。不管是涂黑的或空白的基准三角形,含义是相同的。无论基准符号的方向如何,字母都应水平书写。

图 4-9 基准符号

4.4.3 被测要素的标注

被测要素是检测对象,国家标准规定在图样上用带箭头的指引线将被测要素与公差框格一端相连,指引线的箭头应垂直地指向被测要素,并按下列方法与被测要素相连。

(1) 公差框格应水平或垂直绘制。
(2) 指引线原则上从一端的中间引出。
(3) 当公差涉及轮廓线或轮廓面时,指引线的箭头应指在该要素的轮廓线或轮廓线的延长线上,并应与尺寸线明显的错开,如图 4-10(a)和(b)所示;当采用带小黑点的引出线指向实际表面时,箭头可置于带小黑点的引出线的水平线上,如图 4-10(c)所示。

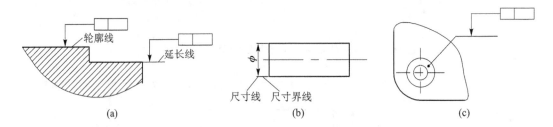

图 4-10 被测要素为轮廓线或轮廓面

(4) 当公差涉及要素的中心面、中心线或中心点时,箭头应位于相应尺寸线的延长线上,如图 4-11(a)和(b)所示。

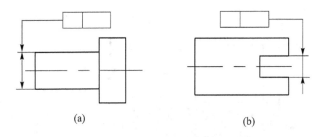

图 4-11 被测要素为轴线和中心平面

(5) 当同一被测要素有多项几何公差要求且测量方向相同时,可将这些框格绘制在一起,并共用一根指引线,如图 4-12 所示。

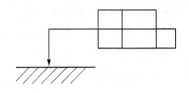

图 4-12 同一被测要素有多项几何公差要求且测量方向相同

(6) 当多个被测要素有相同的几何公差要求时,可从框格引出的指引线上绘制多个指示箭头并分别与各被测要素相连,如图 4-13 所示。

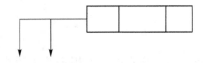

图 4-13 多个被测要素有相同的几何公差要求

(7) 公差框格中所标注的几何公差有其他附加要求时,可在公差框格的上方或下方附加文字说明,属于被测要素数量的说明,应写在公差框格的上方;属于解释性的说明,应写在公差框格的下方,如图4-14所示。

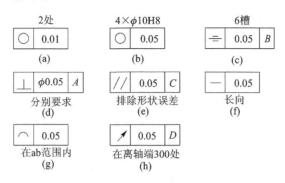

图 4-14 附加说明

4.4.4 基准要素的标注

基准要素采用基准符号标注,并从几何公差框格中的第三格起,填写相应的基准符号字母,基准符号中的连线应与基准要素垂直,如图4-15所示。

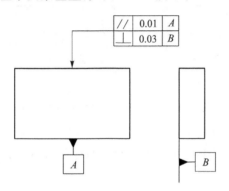

图 4-15 基准要素的标注

基准符号在标注时还应注意以下几点:

(1) 基准要素是轮廓线或轮廓面时,基准三角形放置在该要素的轮廓线或其延长线上,并应明显地与尺寸线错开,如图4-16(a)所示;当采用带小黑点的引出线指向实际表面时,基准三角形放置在引出线的水平线上,如图4-16(b)所示。

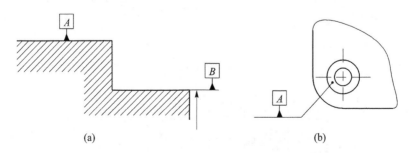

图 4-16 基准要素为轮廓线或轮廓面时的标注

(2) 当基准是尺寸要素确定的轴线、中心平面或中心点时(导出要素),基准三角形应放置在该尺寸线的延长线上,如图 4-17(a)所示;如果没有足够的位置标注基准要素尺寸的两个箭头,可用基准三角形代替基准要素尺寸的一个箭头,如图 4-17(b)所示。

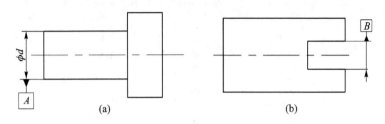

图 4-17 基准要素为导出要素的标注

(3) 基准要素为公共轴线时,如图 4-18 所示,基准要素为外圆 ϕd_1 的轴线 A 与外圆 ϕd_3 的轴线 B 组成的公共轴线 $A-B$。

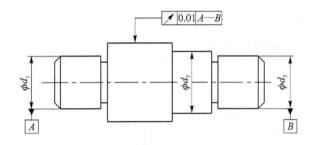

图 4-18 基准要素为公共轴线的标注

(4) 当轴类零件以两端中心孔工作锥面的公共轴线作为基准时,可采用如图 4-19 所示的标注方法,其中图(a)为两端中心孔参数不同时的标注;图(b)为两端中心孔参数相同时的标注。

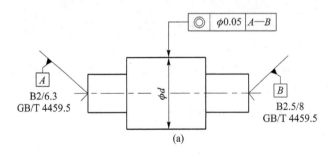

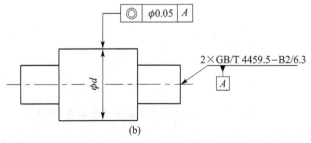

图 4-19 以中心孔工作锥面的公共轴线为基准的标注

4.4.5 几何公差的其他标注规定

(1) 公差框格中所标注的公差值如无附加说明,则被测范围为箭头所指的整个组成要素或导出要素。

(2) 如果被测范围仅为被测要素的一部分时,应用粗点画线画出该范围,并标出尺寸,其标注方法如图 4-20 所示。

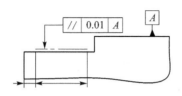

图 4-20　被测范围为部分被测要素的标注

(3) 由于功能要求,如果需给出被测要素任一固定长度上(或范围)的公差值时,其标注方法如图 4-21 所示。

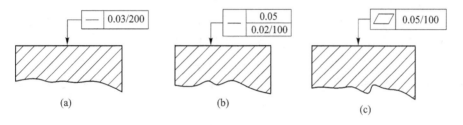

图 4-21　被测要素范围的表示

① 图 4-21(a)表示在任意 200 mm 长度内,直线度公差值是 0.03 mm。
② 图 4-21(b)表示被测要素在全长上的直线度公差为 0.05 mm,而在任意 100 mm 长度内的直线度公差为 0.02 mm。
③ 图 4-21(c)表示在被测要素任意 100 mm×100 mm 的正方形面积内,平面度公差值为 0.05 mm。

(4) 当给定的公差带形状为圆形或圆柱形时,应在公差值前标注"ϕ",当给定的公差带形状为球形时,应在公差值前标注"$S\phi$",如图 4-22 所示。

图 4-22　公差带为圆形、圆柱形或球形的标注

(5) 几何公差有附加要求时,应在相应的公差数值后标注有关符号,如表 4-3 所列。

表 4-3　几何公差附加要求

含　义	符　号	举　例
只许从中间向材料内凹下	(−)	─ | t(−)
只许从中间向材料外凸起	(+)	▱ | t(+)

续表 4-3

含 义	符 号	举 例
只许从左至右减小	(▷)	⌀ | t(▷)
只许从右至左减小	(◁)	⌀ | t(◁)

4.5 几何公差的应用和解读

几何公差带是对零件几何精度的一种要求,按照国家标准规定,图样上的几何公差需采用几何公差代号标注并用公差带概念解读。

4.5.1 形状公差

形状公差是被测提取要素的形状所允许的最大变动量,即被测提取要素的形状相对拟合要素所允许的最大形状误差值,形状公差包括直线度、平面度、圆度、圆柱度、线轮廓度和面轮廓度(线轮廓度和面轮廓度如表 4-5 所列)等,形状公差各项目的标注和解释如表 4-4 所列。形状公差带的特点是不涉及基准,其方向和位置均是浮动的。

表 4-4 形状公差的标注和解释

符 号	公差带的定义	标注和解释
―	直线度公差	
	公差带为在给定平面内和给定方向上,间距等于公差值 t 的两平行直线所限定的区域 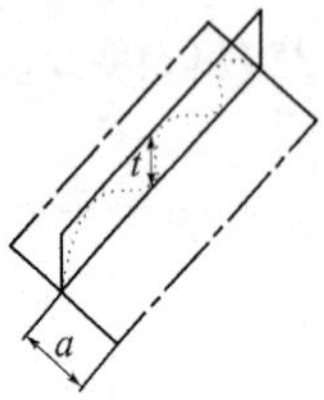 a 为任一距离	在任一平行于图示投影面的平面内,上平面的提取(实际)线应限定在间距等于 0.1 mm 的两平行直线之间 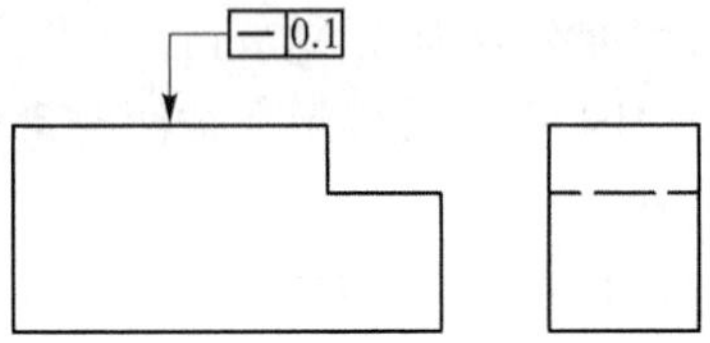 — 0.1
	公差带为间距等于公差值 t 的两平行平面所限定的区域 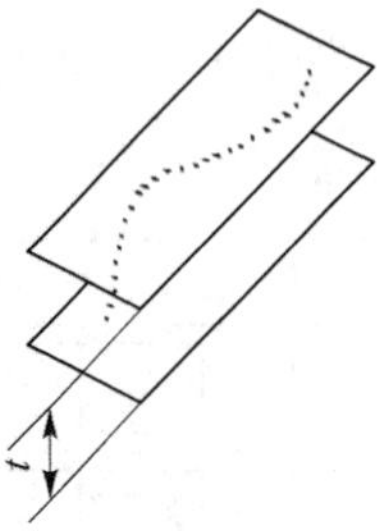	提取(实际)的棱边应限定在间距等于 0.1 mm 的两平行平面之间 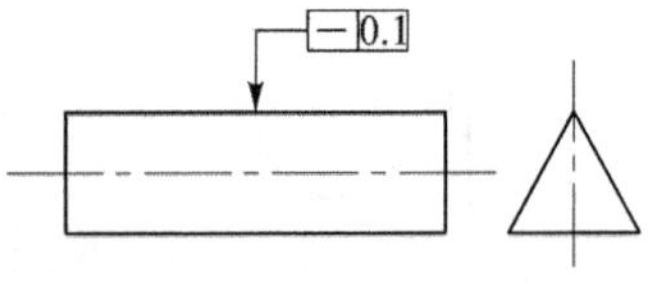 — 0.1

续表 4-4

符 号	公差带的定义	标注和解释
	直线度公差	
—	由于公差值前加注了符号 ϕ,公差带为直径等于公差值 ϕt 的圆柱面所限定的区域 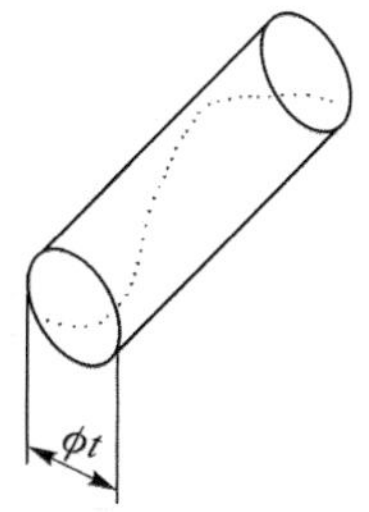	外圆柱面的提取(实际)中心线应限定在直径等于 $\phi 0.08$ mm 的圆柱面内 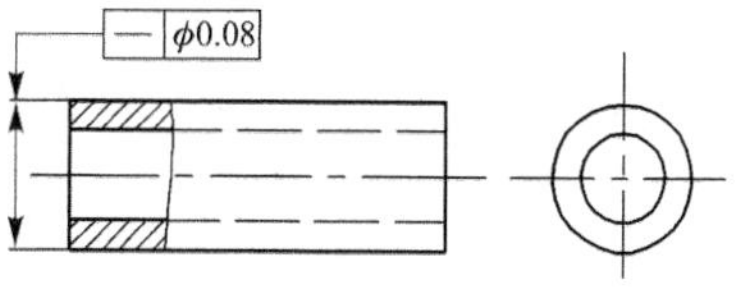 —— $\phi 0.08$
	平面度公差	
▱	公差带为间距等于公差值 t 的两平行平面所限定的区域 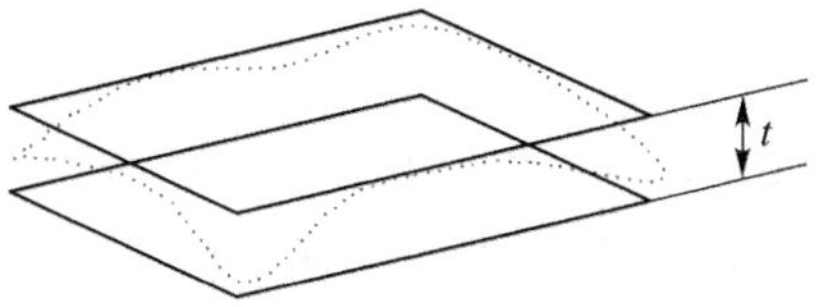	提取(实际)表面应限定在间距等于 0.08 mm 的两平行平面之间 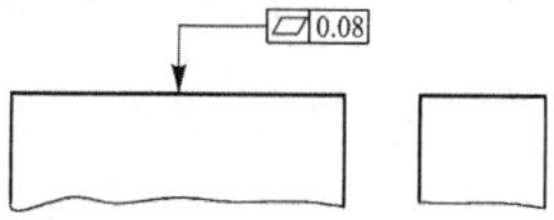 ▱ 0.08
	圆度公差	
○	公差带为给定横截面内,半径差等于公差值 t 的两同心圆所限定的区域 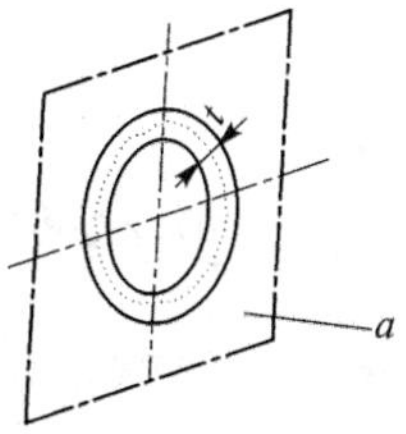 a 为任一横截面	在圆柱面和圆锥面的任意横截面内,提取(实际)圆周应限定在半径差等于 0.03 mm 的两共面同心圆之间 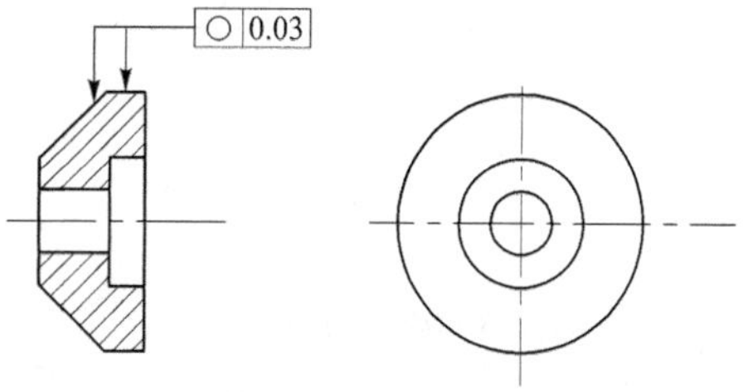 ○ 0.03 在圆锥面的任意横截面内,提取(实际)圆周应限定在半径差等于 0.1 mm 的两同心圆之间 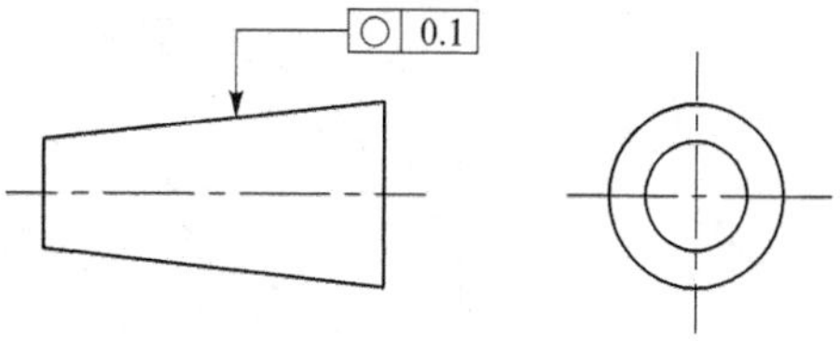 ○ 0.1 注:提取圆周的定义尚未标准化

续表 4-4

符 号	公差带的定义	标注和解释
	圆柱度公差	
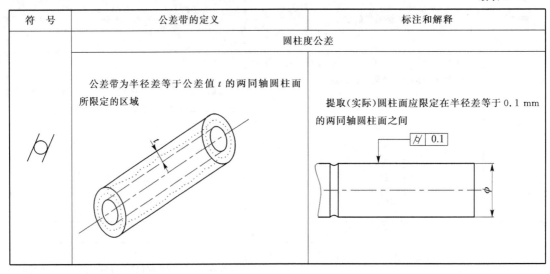	公差带为半径差等于公差值 t 的两同轴圆柱面所限定的区域	提取(实际)圆柱面应限定在半径差等于 0.1 mm 的两同轴圆柱面之间

4.5.2 线轮廓度和面轮廓度公差

线轮廓度公差带和面轮廓度公差带包括无基准和有基准两种,线轮廓度和面轮廓度公差是对零件表面的要求(非圆曲线和非圆曲面),既可以仅限定其形状误差,也可在限制形状误差的同时,还对基准提出要求。即轮廓度公差无基准要求时为形状公差,有基准要求时为方向公差或位置公差,具体标注和解释如表 4-5 所列。

表 4-5 线轮廓度和面轮廓度公差的标注和解释

公差	公差带的定义	标注和解释
	无基准的线轮廓度公差	
	公差带为直径等于公差值 t 且圆心位于具有理论正确几何形状上的一系列圆的两包络线所限定的区域	在任一平行于图示投影面的截面内,提取(实际)轮廓线应限定在直径等于 0.04 mm、圆心位于被测要素理论正确几何形状上的一系列圆的两包络线之间
	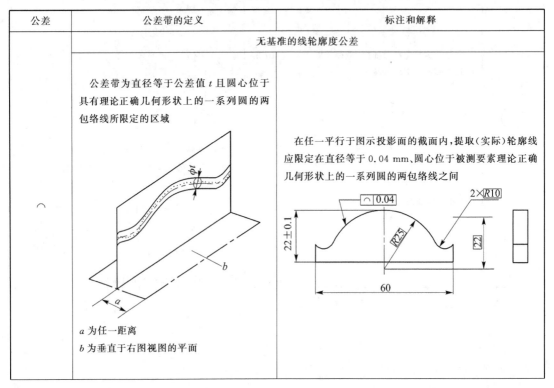	

a 为任一距离
b 为垂直于右图视图的平面

续表 4-5

公差	公差带的定义	标注及解释
⌒	**相对于基准体系的线轮廓度公差**	
⌒	公差带为直径等于公差值 t 且圆心位于由基准平面 A 和基准平面 B 确定的被测要素理论正确几何形状上的一系列圆的两包络线所限定的区域 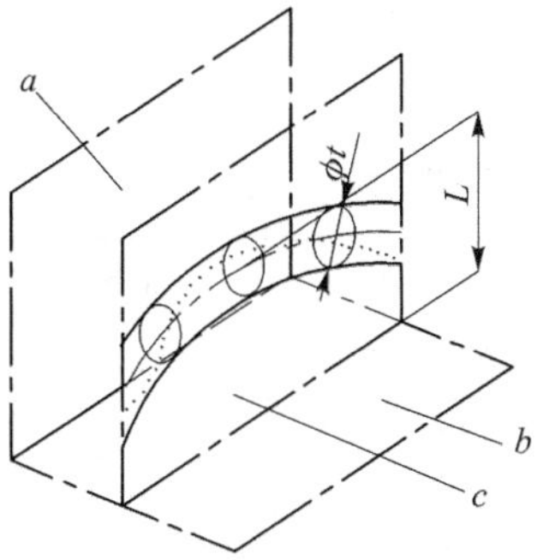 a 为基准平面 A b 为基准平面 B c 为平行于基准平面 A 的平面	在任一平行于图示投影平面的截面内，提取（实际）轮廓线应限定在直径等于 0.04 mm，圆心位于由基准平面 A 和基准平面 B 确定的被测要素理论正确几何形状上的一系列圆的两等距包络线之间 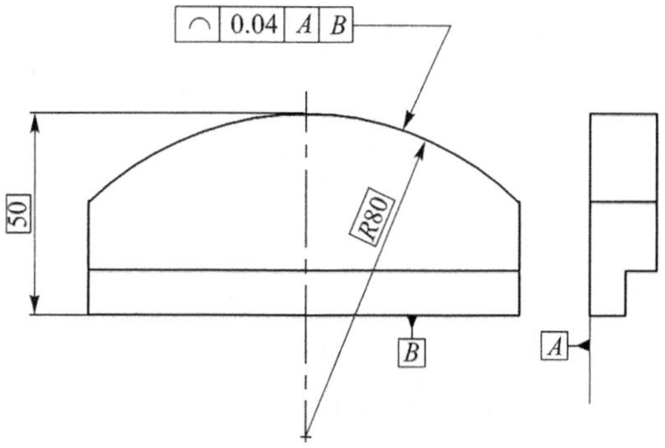 ⌒ 0.04 A B
⌓	**无基准的面轮廓度公差**	
⌓	公差带为直径等于公差值 t 且球心位于被测要素理论正确形状上的一系列圆球的两包络面所限定的区域 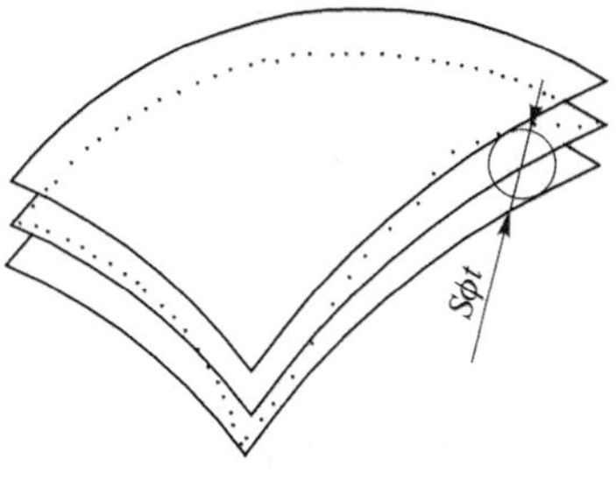	提取（实际）轮廓面应限定在直径等于 0.02 mm，球心位于被测要素理论正确几何形状上的一系列圆球的两等距包络面之间 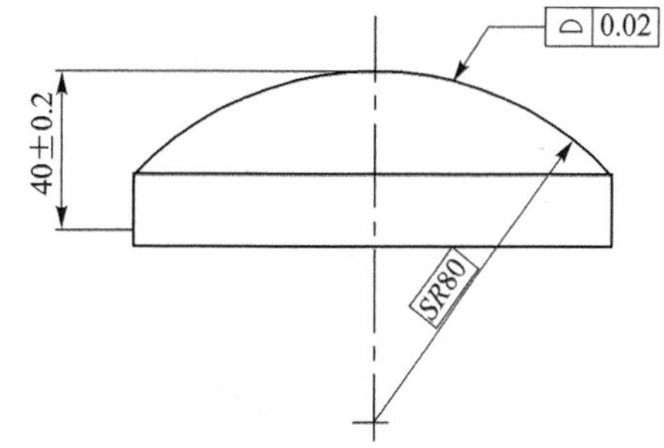 ⌓ 0.02
⌓	**相对于基准的面轮廓度公差**	
⌓	公差带为直径等于公差值 t 且球心位于由基准平面 A 确定的被测要素理论正确几何形状上的一系列圆球的两包络面所限定的区域 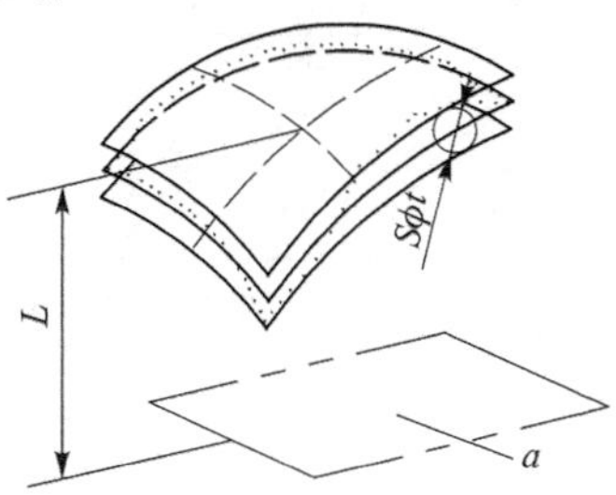 a 为基准平面 A	提取（实际）轮廓面应限定在直径等于 0.1 mm，球心位于由基准平面 A 确定的被测要素理论正确几何形状上的一系列圆球的两包络面之间 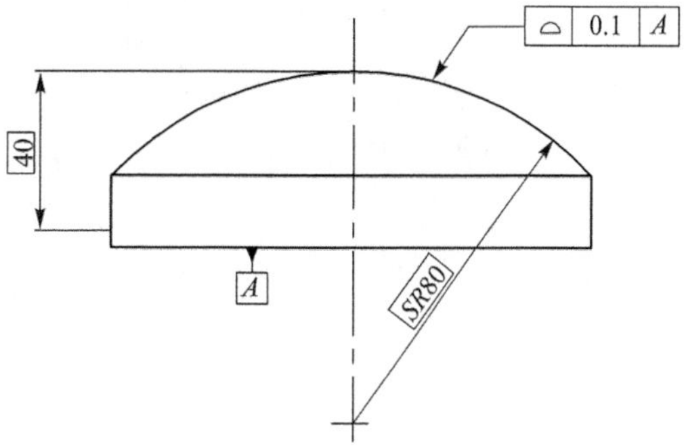 ⌓ 0.1 A

4.5.3 方向公差

方向公差是关联被测提取要素对基准在方向上允许的变动全量,方向公差带相对于基准有确定的方向,但其位置往往是浮动的,方向公差可分为以下三种:

① 当被测要素与基准的理论方向成 0°夹角时,为平行度公差。
② 当被测要素与基准的理想方向成 90°夹角时,为垂直度公差。
③ 当被测要素与基准的理想方向成任意角度,为倾斜度公差。

具体标注和解释如表 4-6 所列。

表 4-6 方向公差的标注和解释

符 号	公差带的定义	标注和解释
//	平行度公差	
	线对基准体系的平行度公差	
	公差带为间距等于公差值 t、平行于两基准的两平行平面所限定的区域 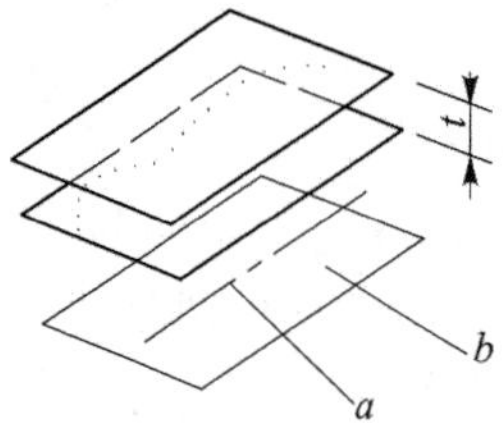 a 为基准轴线 b 为基准平面	提取(实际)中心线应限定在间距等于 0.1 mm、平行于基准轴线 A 和基准平面 B 的两平行平面之间 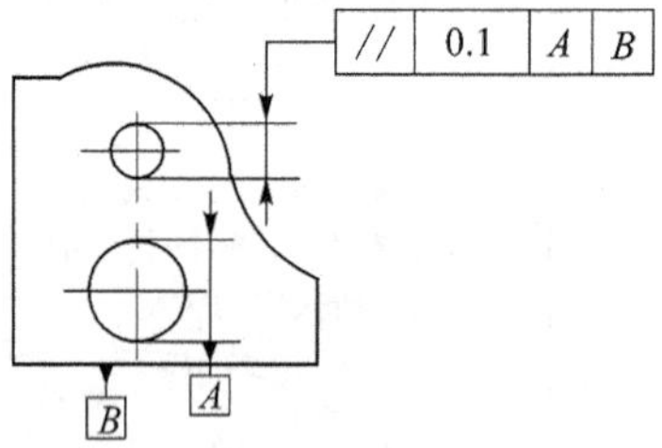 // | 0.1 | A | B
	公差带为间距等于公差值 t、平行于基准轴线 A 且垂直于基准平面 B 的两平行平面所限定的区域 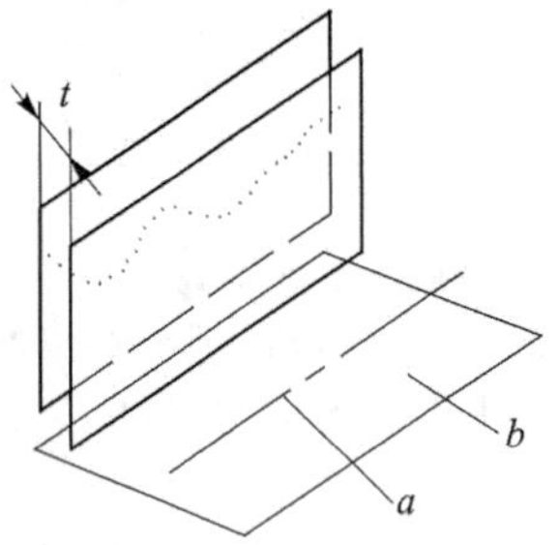 a 为基准轴线 b 为基准平面	提取(实际)中心线应限定在间距等于 0.1 mm 的两平行平面之间,该两平行平面平行于基准轴线 A 且垂直于基准平面 B 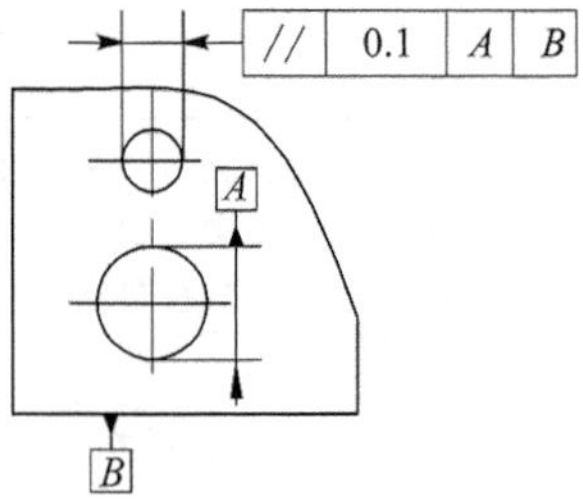 // | 0.1 | A | B

续表 4-6

符号	公差带的定义	标注及解释
//	**线对基准体系的平行度公差** 公差带为平行于基准轴线和平行或垂直于基准平面、间距分别等于公差值 t_1 和 t_2 且相互垂直的两组平行平面所限定的区域 a 为基准轴线 b 为基准平面	提取(实际)中心线应限定在平行于基准轴线 A 和平行或垂直于基准平面 B、间距分别等于公差值 0.1 mm 和 0.2 mm,且相互垂直的两组平行平面之间 // | 0.2 | A | B // | 0.1 | A | B
	线对基准线的平行度公差 若公差值前加注了符号 ϕ,公差带为平行于基准轴线、直径等于公差值 ϕt 的圆柱面所限定的区域 a 为基准轴线	提取(实际)中心线应限定在平行于基准轴线 A、直径等于 $\phi 0.03$ mm 的圆柱面内 // | $\phi 0.03$ | A
	线对基准面的平行度公差 公差带为平行于基准平面、间距等于公差值 t 的两平行平面所限定的区域 a 为基准平面	提取(实际)中心线应限定在平行于基准平面 B、间距等于 0.01 mm 的两平行平面之间 // | 0.01 | B

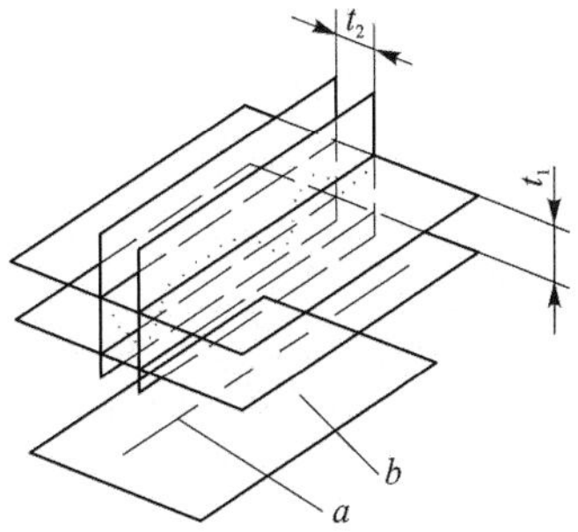

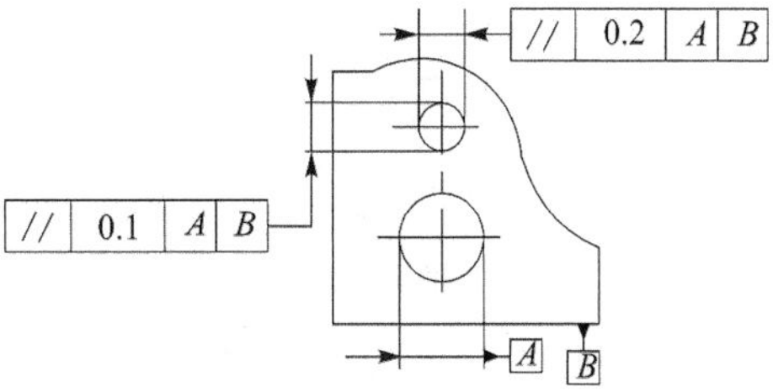

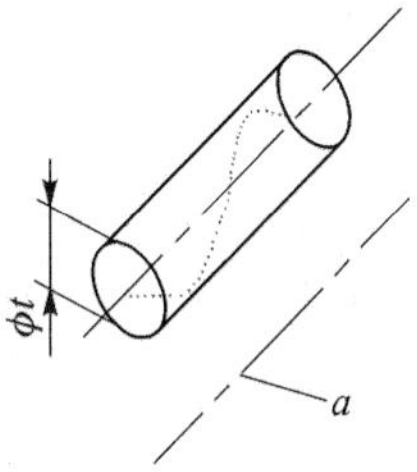

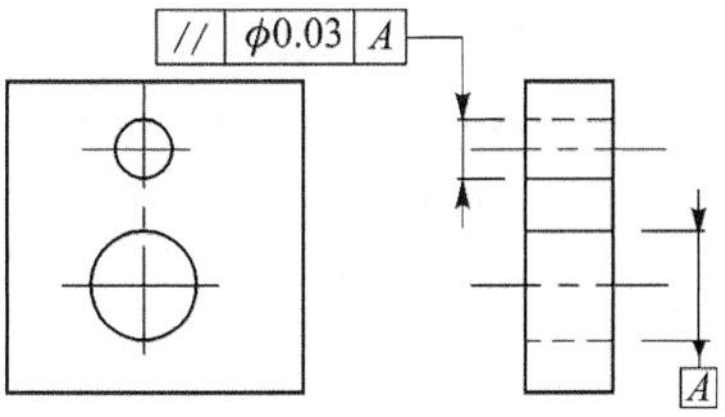

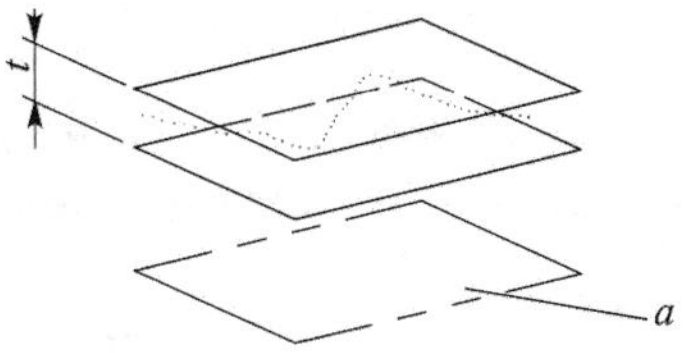

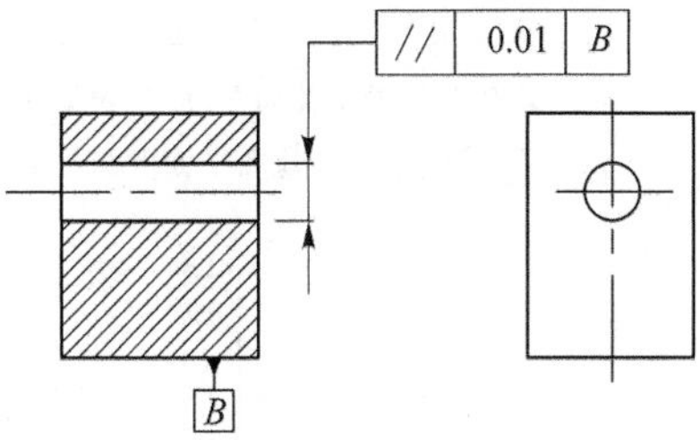

续表 4-6

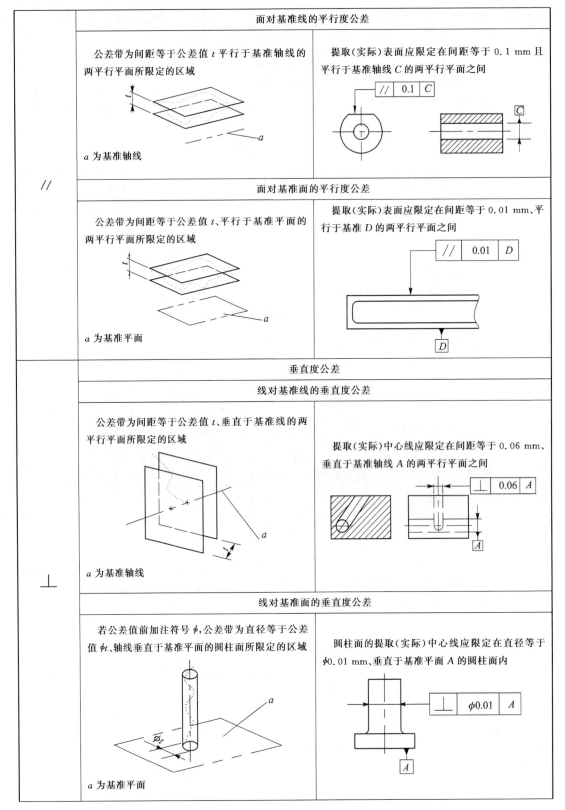

续表 4-6

	面对基准线的垂直度公差	
⊥	公差带为间距等于公差值 t 且垂直于基准轴线的两平行平面所限定的区域 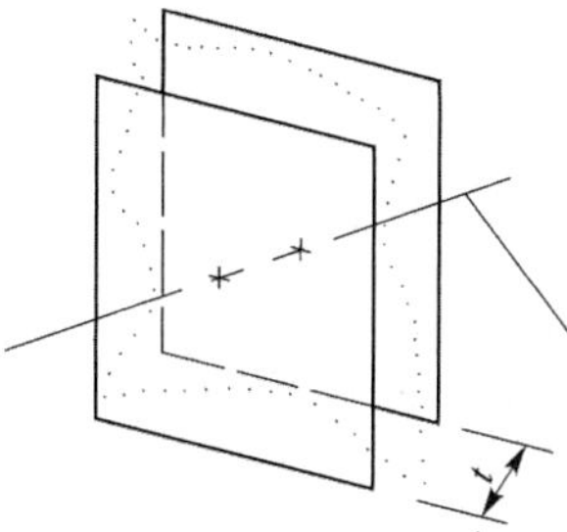 a 为基准轴线	提取(实际)表面应限定在间距等于 0.08 mm 的两平行平面之间,该两平行平面垂直于基准轴线 A 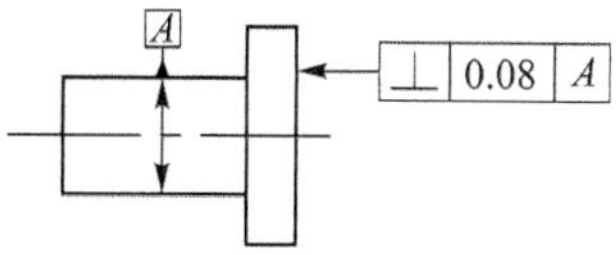
	面对基准面的垂直度公差	
	公差带为间距等于公差值 t 垂直于基准平面的两平行平面所限定的区域 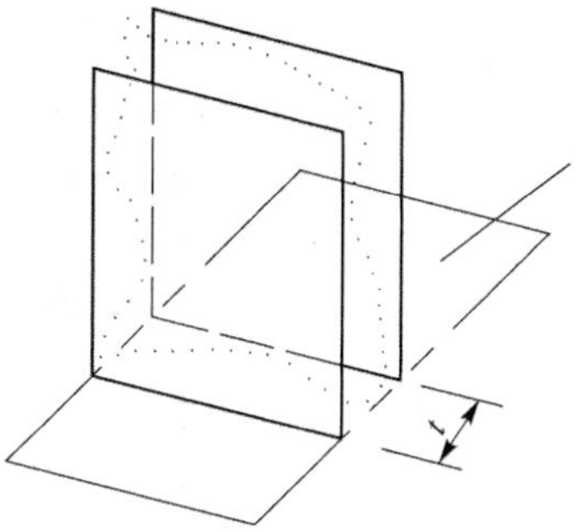 a 为基准平面	提取(实际)表面应限定在间距等于 0.08 mm、垂直于基准平面 A 的两平行平面之间 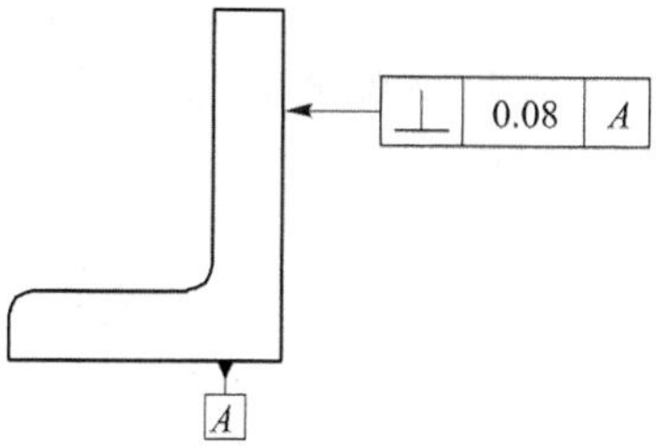
	倾斜度公差	
	线对基准面的倾斜度公差	
∠	公差带为间距等于公差值 t 的两平行平面所限定的区域,该两平形平面按给定角度倾斜于基准平面 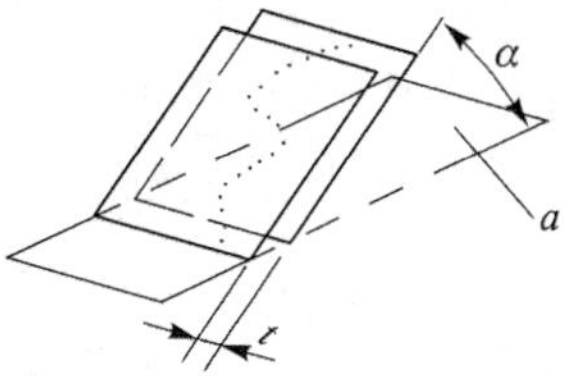 a 为基准平面	提取(实际)中心线应限定在间距等于 0.08 mm 的两平行平面之间。该两平行平面按理论正确角度 60°倾斜于基准平面 A 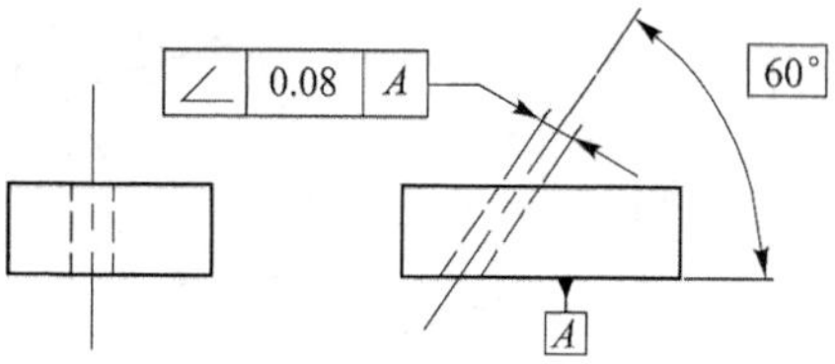

续表 4-6

倾斜度公差	
线对基准面的倾斜度公差	
公差值前加注符号 ϕ，公差带为直径等于公差值 ϕt 的圆柱面所限定的区域，该圆柱面公差带的轴线按给定角度倾斜于基准平面 A 且平行于基准平面 B 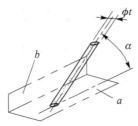 a 为基准轴线 A b 为基准平面 B	提取（实际）中心线应限定在直径等于 $\phi 0.1$ mm 的圆柱面内，该圆柱面的中心线按理论正确角度 $60°$ 倾斜于基准平面 A 且平行于基准平面 B 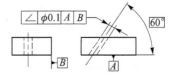
面对基准线的倾斜度公差	
公差带为间距等于公差值 t 的两平行平面所限定的区域，该两平行平面按给定角度倾斜于基准直线 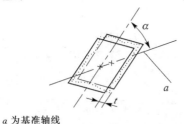 a 为基准轴线	提取（实际）表面应限定在间距等于 0.1 mm 的两平行平面之间，该两平行平面按理论正确角度 $75°$ 倾斜于基准轴线 A 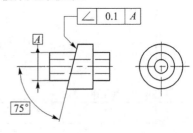
面对基准面的倾斜度公差	
公差带为间距等于公差值 t 的两平行平面所限定的区域，该两平行平面按给定角度倾斜于基准平面 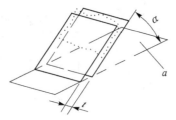 a 为基准轴线	提取（实际）表面应限定在间距等于 0.08 mm 的两平行平面之间，该两平行平面按理论正确角度 $40°$ 倾斜于基准平面 A 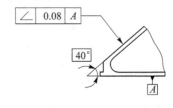

4.5.4 位置公差

位置公差是关联被测提取要素对基准在位置上允许的变动全量,位置公差可分为同轴度(对中心点称为同心度)、对称度和位置度。

① 同轴度公差带的被测要素和基准要素均为轴线,其要求被测要素的理想位置与基准同心或同轴。

② 对称度公差带的被测要素与基准要素为中心平面或轴,其要求被测要素理想位置与基准保持一致。

③ 位置度公差带要求被测要素对基准体系保持一定的位置关系。

具体标注和解释如表 4-7 所列。

表 4-7 位置公差的标注和解释

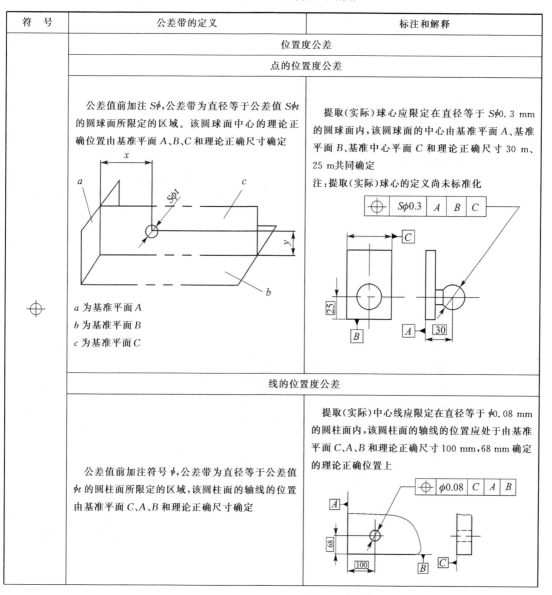

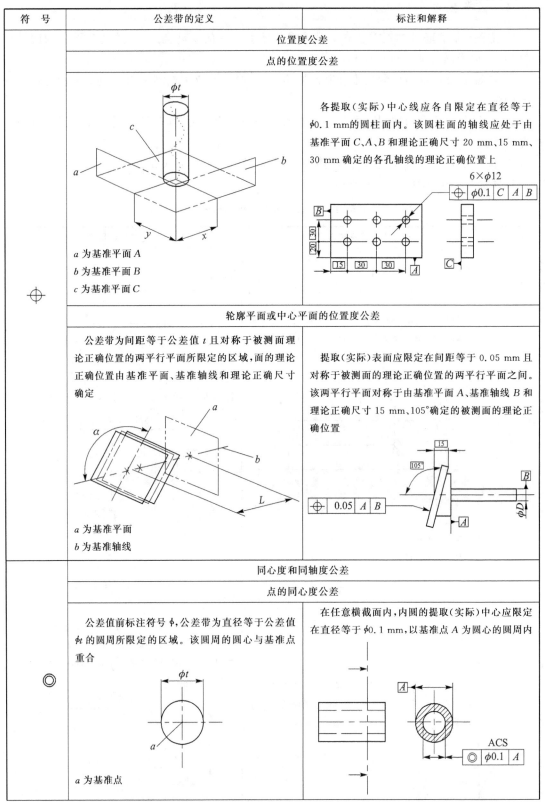

续表 4-7

符 号	公差带的定义	标注和解释
◎	**同心度和同轴度公差**	
	轴线的同轴度公差	
	公差值前标注符号 ϕ，公差带为直径等于公差值 ϕt 的圆柱面所限定的区域。该圆柱面的轴线与基准轴线重合 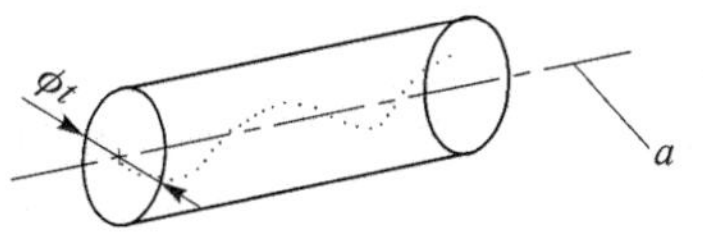 a 为基准轴线	大圆柱面的提取（实际）中心线应限定在直径等于 $\phi 0.08$ mm，以公共基准轴线 $A—B$ 为轴线的圆柱面内 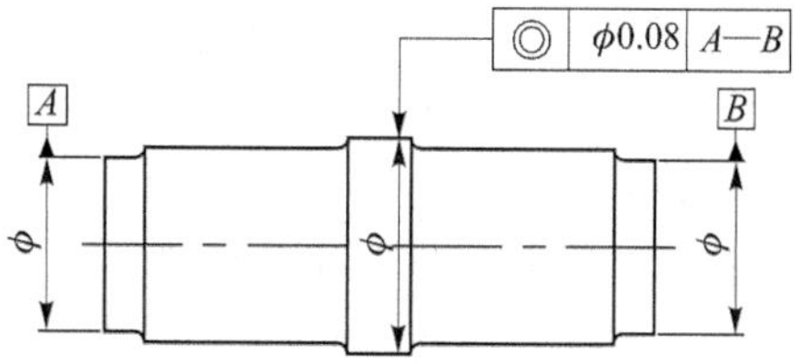 大圆柱面的提取（实际）中心线应限定在直径等于 $\phi 0.1$ mm，以基准轴线 A 为轴线的圆柱面内 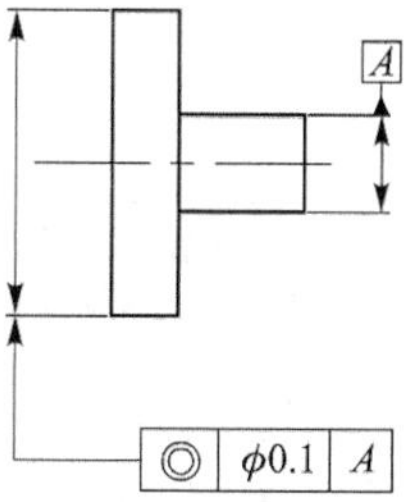 大圆柱面的提取（实际）中心线应限定在直径等于 $\phi 0.1$ mm，垂直于基准平面 A、以基准轴线 B 为轴线的圆柱面内 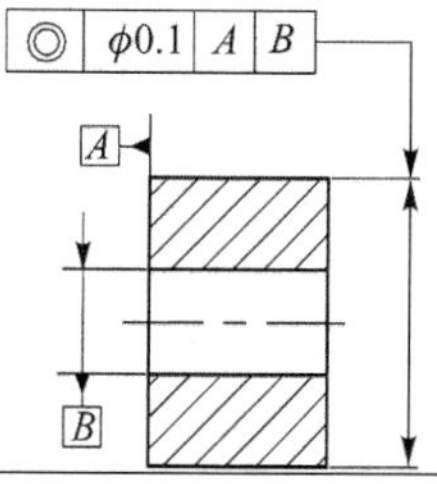
=	**对称度公差**	
	中心平面的对称度公差	
	公差带为间距等于公差值 t 且对称于基准中心平面的两平行平面所限定的区域 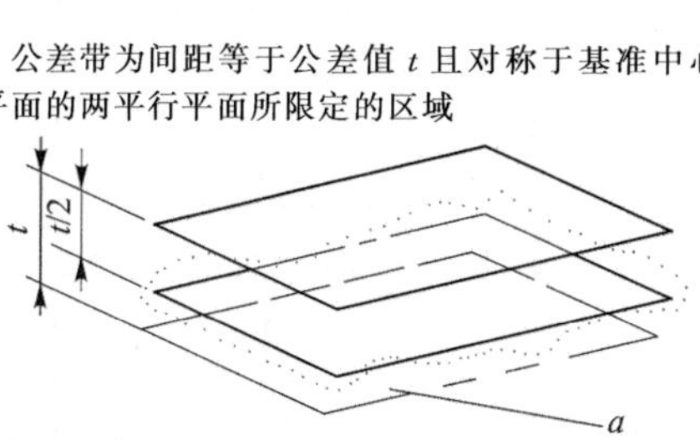 a 为基准中心平面	提取（实际）中心面应限定在间距等于 0.08 mm 且对称于基准中心平面 A 的两平行平面之间 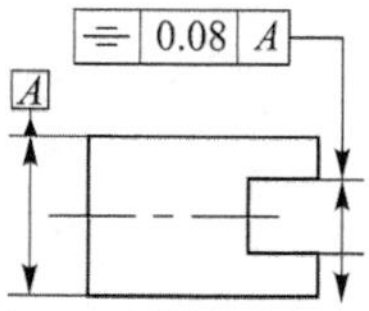 提取（实际）中心面应限定在间距等于 0.08 mm 且对称于公共基准中心平面 $A—B$ 的两平行平面之间 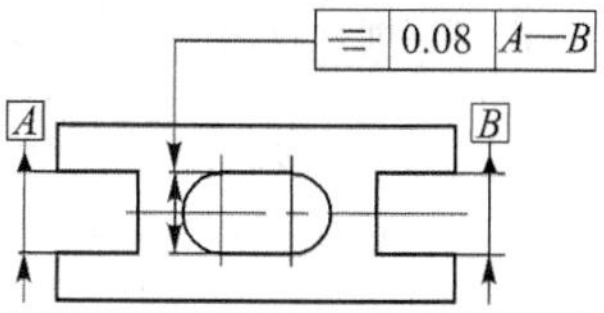

4.5.5 跳动公差

跳动公差是关联被测提取要素绕基准回转一周或连续回转时所允许的最大跳动量。

① 圆跳动公差是指被测提取要素绕基准轴线作无轴向移动回转一周，由位置固定的指示表沿着给定方向上测得的最大值与最小值之差，圆跳动公差根据给定测量方向可分为径向圆跳动、轴向圆跳动和斜向圆跳动三种。

② 全跳动公差是指被测提取要素绕基准轴线作无轴向移动连续回转，同时指示表沿着给定方向的理想直线连续移动，指示表测得的最大值与最小值之差，全跳动分为径向全跳动和轴向全跳动两种。

跳动公差各项目的标注和解释如表 4-8 所列。

表 4-8 跳动公差的标注和解释

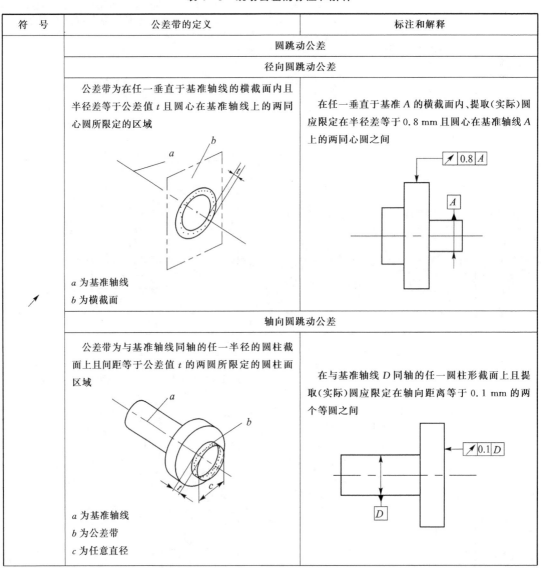

续表 4-8

符　号	公差带的定义	标注和解释
	圆跳动公差	
	斜向圆跳动公差	
↗	公差带为与基准轴线同轴的某一圆锥截面上，间距等于公差值 t 的两圆所限定的圆锥面区域 除非另有规定，测量方向应沿被测表面的法向 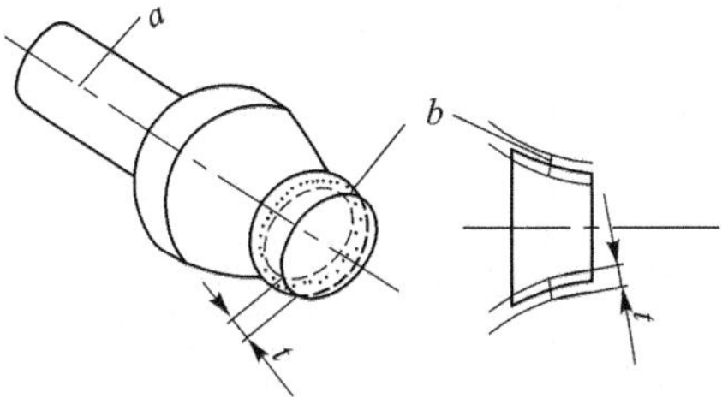 a 为基准轴线 b 为公差带	在与基准轴线 C 同轴的任一圆锥截面上，提取（实际）线应限定在素线方向间距等于 0.1 mm 的两不等圆之间 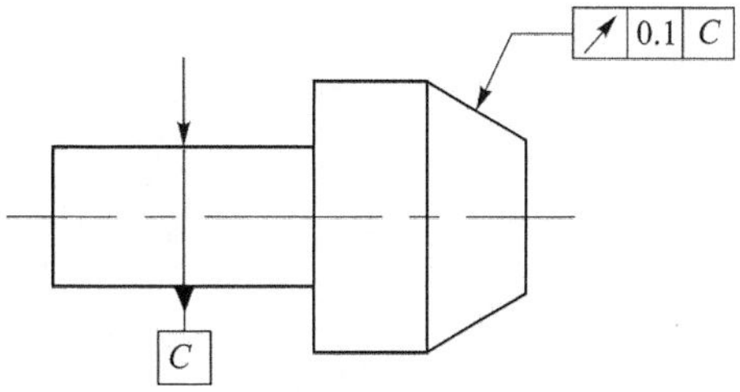 当标注公差的素线不是直线时，圆锥截面的锥角要随所测圆的实际位置而改变 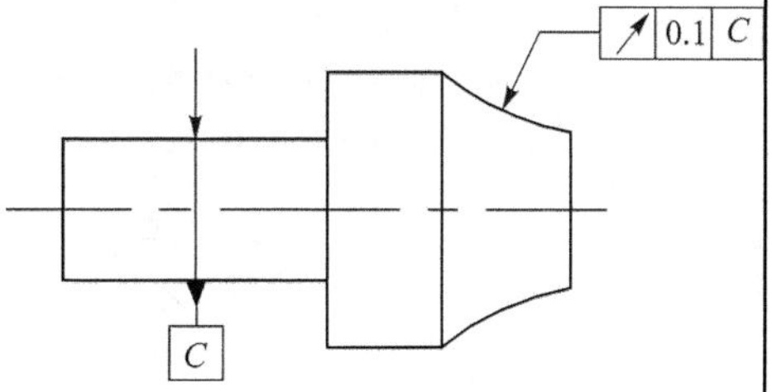
	给定方向的斜向圆跳动公差	
	公差带为基准轴线同轴的、具有给定锥角的任一圆锥截面上的且间距等于公差值 t 的两不等圆所限定的区域 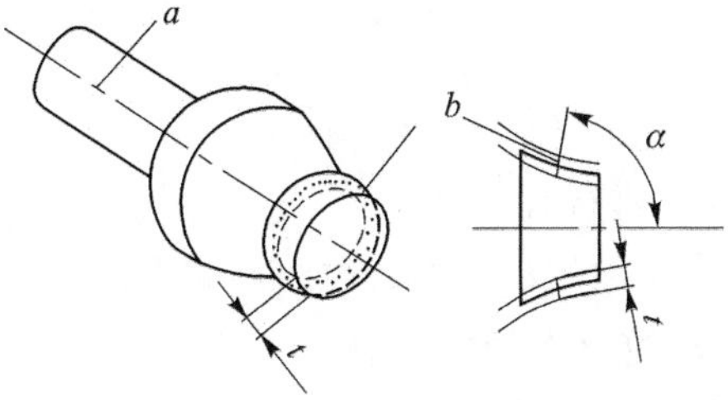 a 为基准轴线 b 为公差带	在与基准轴线 C 同轴且具有给定角度 60°的任一圆锥截面上，提取（实际）圆应限定在素线方向间距等于 0.1 mm 的两不等圆之间 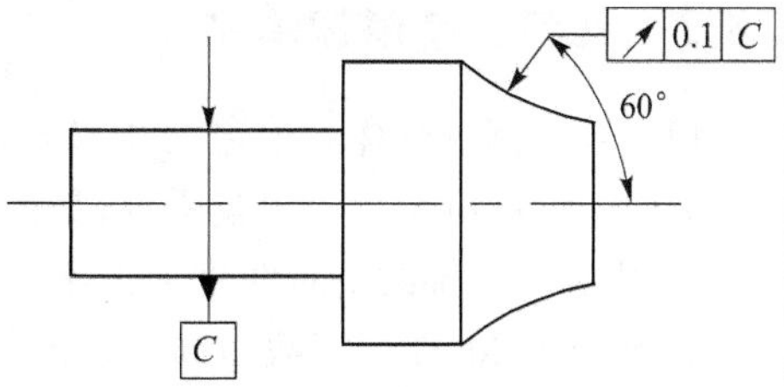

续表 4-8

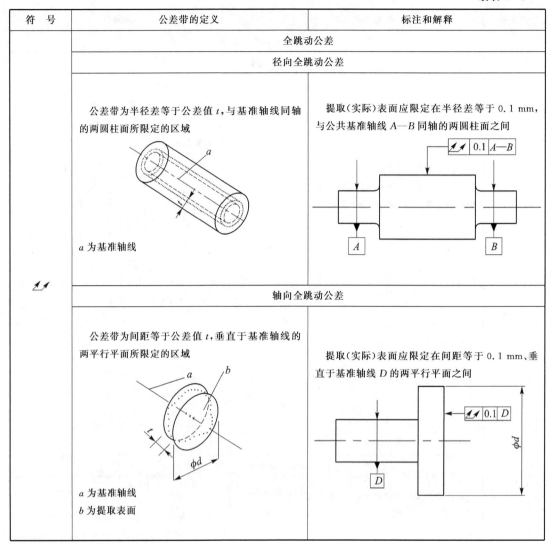

4.5.6 几何公差解读举例

现结合实例对图样上给定的几何公差要求进行解读。

如图 4-23 所示为一圆盘零件，根据图样上给定的几何公差解读如下：

① 孔 ϕ45P7 轴线的直线度误差不得大于 ϕ0.006 mm。

② 轴 ϕ100h6 任意正截面圆度误差不得大于 0.007 mm。

③ 轴 ϕ100h6 轴线对孔 ϕ45P7 轴线的同轴度误差不得大于 ϕ0.009 mm。

④ 尺寸 $40_{-0.050}^{0}$ 的左端面对右端面的平行度误差不得大于 0.01 mm。

⑤ 尺寸 $40_{-0.050}^{0}$ 的左端面对 ϕ45P7 的轴线垂直度误差不得大于 0.012 mm。

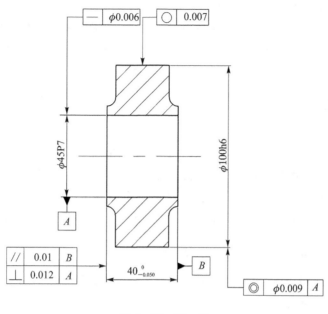

图 4-23 圆　盘

4.6　几何误差的检测方法

通过以上内容的介绍可知,几何误差是被测提取要素对其拟合要素的变动量。实际生产中可根据测得被加工零件的几何误差值是否在几何公差的范围内,判断出零件是否合格。

4.6.1　几何误差的检测原则

为了能正确检测几何误差,便于选择合理的检测方案,"产品几何量技术规范(GPS)形状和位置公差检测规定"(GB/T 1958—2004)中,规定了几何误差的检测原则及检测方法。从检测原理上有下列五种检测原则。

1. 与拟合要素比较原则

将被测提取要素与其拟合要素相比较,量值由直接法或间接法获得;拟合要素用模拟方法获得。

2. 测量坐标值原则

测量被测提取要素的坐标值(如直角坐标值、极坐标值和圆柱面坐标值等),然后经过数据处理得到几何误差值。

3. 测量特征参数原则

测量被测提取要素上具有代表性的参数(即特征参数),该参数直接表示几何误差值。

4. 测量跳动原则

被测提取要素绕基准轴线回转过程中,沿给定方向测量其对某参考点或线的变动量,其中变动量是指指示计最大与最小示值之差,变动量表示几何误差值。此原则适用于测量圆跳动误差和全跳动误差。

5. 理想边界控制原则

通过检验被测提取要素是否超过实效边界,来判断零件合格与否的原则。

在实际生产中,需根据被测要素的特点和要求选择适合的原则,采用合理的检测方案,也可以根据上述原则,采用其他可行的检测方案和检测装置。

4.6.2 形状误差的检测

1. 直线度误差的检测

直线度误差的测量仪器有刀口尺、水平仪和自准直仪等。将刀口尺与被测要素直接接触,然后从漏光缝的大小判断直线度误差。自准直仪通过反光镜进行测量。

使用刀口尺测量某一表面轮廓线的直线度误差时,如图 4-24 所示,将刀口尺的刃口与实际轮廓紧贴,实际轮廓线与刃口之间的最大间隙就是直线度误差,其间隙值可由两种方法获得:

① 当直线度误差较大时,可用塞尺直接测出。

② 当直线度误差较小时,可通过与标准光隙比较的方法估计读出误差值。

2. 平面度误差的检测

① 使用平面平晶测量平面度误差时,如图 4-25 所示,它是利用光波干涉原理,根据干涉条纹的数目和形状来评定平面度误差的,测量时将平晶贴在被测工件表面上,稍加压力,便出现了干涉条纹,被测表面的平面度误差为

$$f = \frac{a}{b}\lambda/2$$

其中 a 为干涉条纹弯曲量,b 为干涉条纹相邻两条纹间距,λ 为所用光源的光波波长。

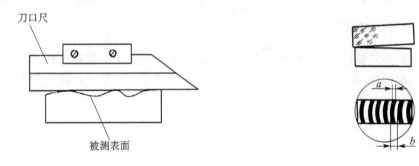

图 4-24 刀口尺测量轮廓表面的直线度误差　　　图 4-25 用平面平晶测量平面度误差

② 使用指示表测量平面度误差时,如图 4-26 所示。测量时将工件支承在平板上,首先通过指示表调整被测平面上的 a 与 b 两点至等高,再调整 c 与 d 两点至等高,也就是先将被测平面调平,然后移动指示表测量平面上各点,指示表的最大与最小读数之差即为该平面的平面度误差。

3. 圆度误差的检测

① 检测外圆表面的圆度误差时,可直接用千分表测出同一正截面上若个点的直径值,然后取最大值与最小值差值的一半,即为该截面的圆度误差,然后再测量若干个正截面的圆度误差,取其中最大的误差值作为该外圆表面的圆度误差。如果是圆柱孔,其圆度误差可用内径百分表来检测,方法同上。

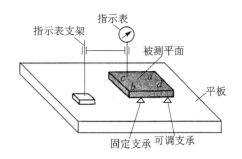

图 4-26　指示表测量平面度误差

② 圆度仪是通过比较点的回转形成的基准圆与被测实际圆轮廓之间的差别来得到圆度误差值,如图 4-27 所示。

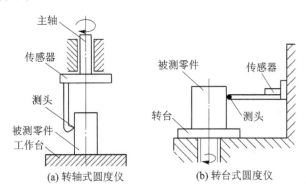

图 4-27　圆度仪的测量示意图

4. 圆柱度误差的检测

使用指示表测量某工件外圆表面的圆柱度误差时,如图 4-28 所示。将工件放在平板上的 V 形架内,将工件回转一周,各测出一个正截面上的最大和最小读数,然后再移动指示表连续测量若干正截面,取各截面内所测得的所有读数中最大与最小读数的差值的一半,作为该圆柱面的圆柱度误差。

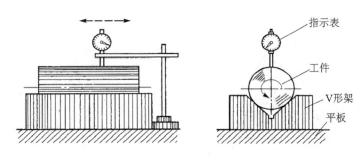

图 4-28　外圆表面圆柱度误差的检测

4.6.3　方向、位置、跳动误差的检测

在方向、位置、跳动误差的检测中,被测提取要素的方向和位置是根据基准来确定的,但是有些拟合基准要素是不存在的,如轴线、中心平面等,所以在实际测量中,通常用模拟法来体现

基准,即用有足够精确形状的表面来体现基准平面、基准轴线或基准中心平面等。

图 4-29(a)表示用检验平板来体现基准平面。

图 4-29(b)表示用可胀式或与孔无间隙配合的圆柱心轴来体现孔的基准轴线。

图 4-29(c)表示用 V 形架来体现外圆基准轴线。

图 4-29(d)表示用与实际轮廓成无间隙配合的平行平面定位块的中心平面来体现基准中心平面。

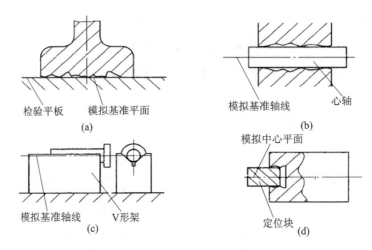

图 4-29 模拟法体现基准

1. 平行度误差的检测

使用指示表测量面对面的平行度误差时,如图 4-30 所示,测量时将工件放置在平板上,用指示表测量被测平面上各点,指示表的最大与最小读数之差即为该工件的平行度误差。

2. 垂直度误差的检测

使用直角尺检测面与面的垂直度误差时,如图 4-31 所示。检测时首先将工件放置在平板上,然后将精密直角尺的短边放置于平板上,长边靠在被测平面上,用塞尺测量直角尺长边和被测平面之间的最大间隙,再移动直角尺,在不同位置上重复上述测量,取测得的最大值作为该平面的垂直度误差。

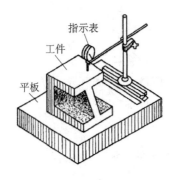

图 4-30 面对面平行度误差的检测

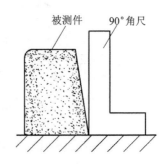

图 4-31 面对面垂直度误差的检测

3. 同轴度误差的检测

如图 4-32 所示为测量某台阶轴 ϕd 轴线对两端 ϕd_1 轴线组成的公共轴线的同轴度误差。

测量时将工件放置在两个等高 V 形架上,沿铅垂轴截面的两条素线测量,同时记录两指示表在各测点的读数差(绝对值),取各测点读数差的最大值为该轴截面轴线的同轴度误差,再转动工件,按上述方法测量若干个轴截面,取其中最大的误差值作为该工件的同轴度误差。

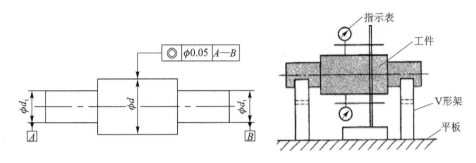

图 4-32　同轴度误差的检测

4. 对称度误差的检测

如图 4-33 所示为测量某轴上键槽中心平面对 ϕd 轴线的对称度误差,其中基准轴线由 V 形架模拟,键槽中心平面由定位块模拟。测量时用指示表调整工件,使定位块沿径向与平板平行并读数,然后将工件旋转 180°后重复上述测量,取两次读数的差值作为该测量截面的对称度误差。再按上述方法测量若干个轴截面,取其中最大的误差值作为该工件的对称度误差。

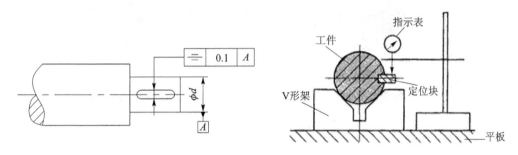

图 4-33　对称度误差的检测

5. 圆跳动误差的检测

如图 4-34 所示为测量某台阶轴 ϕd 圆柱面对两端中心孔轴线组成的公共轴线的径向圆跳动误差。测量时将工件安装在两同轴顶尖之间,在工件回转一周过程中,指示表读数的最大差值即该测量截面的径向圆跳动误差,再按上述方法测量若干正截面,取各截面测得的跳动量

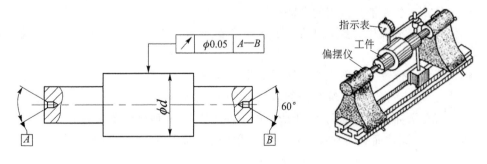

图 4-34　径向圆跳动误差的检测

的最大值作为该工件的径向圆跳动误差。

如图 4-35 所示为测量某工件端面对 ϕd 外圆轴线的轴向圆跳动误差。测量时将工件支承在导向套筒内并在轴向固定,在工件回转一周过程中,指示表读数的最大差值即为该测量圆柱面上的轴向圆跳动误差,再将指示表沿被测端面径向移动,按上述方法测量若干个位置的轴向圆跳动,取其中的最大值作为该工件的轴向圆跳动误差。

如图 4-36 所示为测量某工件圆锥面对 ϕd 外圆轴线的斜向圆跳动误差。测量时将被测工件支承在导向套筒内并在轴向固定,指示表测头的测量方向须垂直于被测圆锥面,在工件回转一周过程中,指示表读数的最大差值即为该测量圆锥面上的斜向圆跳动误差,再将指示表沿被测圆锥面素线移动,按上述方法测量若干个位置的斜向圆跳动,取其中的最大值作为该圆锥面的斜向圆跳动误差。

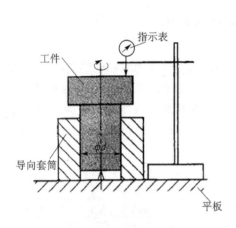 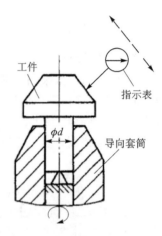

图 4-35 轴向圆跳动误差的检测图　　图 4-36 斜向圆跳动误差的检测

习　题

1. 零件为什么要有几何公差要求?几何公差的意义是什么?
2. 什么叫被测要素?什么叫基准要素?
3. 什么叫组成要素?什么叫导出要素?
4. 零件几何公差有哪些特征项目符号?
5. 什么是几何公差带?常用的有哪种形状?
6. 几何公差带由哪几个要素组成?形状公差带、轮廓公差带、方向公差带、位置公差带和跳动公差带各有什么特点?
7. 形状公差和位置公差最主要的区别是什么?
8. 为什么说跳动公差具有综合控制形位误差的特点?
9. 将下列要求标注在习题图 4-1 所示的零件图样上,几何公差要求如下:
  ① $\phi 32$ mm 的圆柱面对两 $\phi 20$ mm 公共轴线的圆跳动公差 0.015 mm;
  ② 两 $\phi 20$ mm 轴颈的圆度公差 0.01 mm;
  ③ $\phi 32$ mm 左、右两端面对两 $\phi 20$ mm 公共轴线的轴向圆跳动公差 0.02 mm;

④ 键槽 10 mm 中心平面对 φ32 mm 轴线的对称度公差 0.015 mm。

10. 将下列要求标注在习题图 4-2 所示的零件图样上,几何公差要求如下:
① 底面的平面度公差 0.012 mm;
② φ20 mm 两孔的轴线分别对它们的公共轴线的同轴度公差 0.015 mm;
③ 两 φ20 mm 孔的公共轴线对底面的平行度公差 0.01 mm。

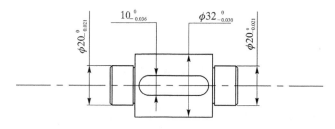

习题图 4-1

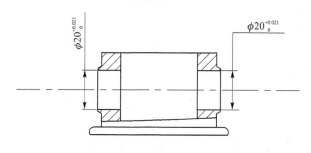

习题图 4-2

11. 解释习题图 4-3、4-4、4-5 和 4-6 中各项几何公差的含义:

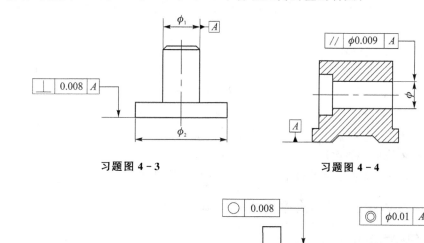

习题图 4-3   习题图 4-4

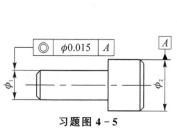

习题图 4-5

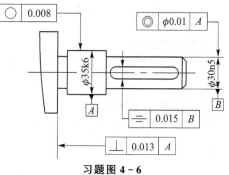

习题图 4-6

第5章 公差原则和公差要求

【学习目标】
(1) 掌握公差原则的基本概念。
(2) 掌握独立原则、包容要求、最大实体要求和最小实体要求的含义。
(3) 了解独立原则及相关要求的应用及标注。

几何公差和尺寸公差是控制零件精度的两类不同性质的公差,两者相互独立,但在一定条件下,两者又互相补偿。

几何公差和尺寸公差之间相互关系的原则称为公差原则,公差原则按几何公差和尺寸公差之间是否相关分为独立原则和相关原则。

根据公差原则,可以正确、合理地表达精度设计意图和检测要求,判断被测要素的合格性。

5.1 公差原则的基本概念

5.1.1 最大实体状态、最大实体尺寸和最大实体边界

1. 最大实体状态(MMC)

假定提取组成要素的局部尺寸处处位于极限尺寸且其具有实体最大时的状态称为最大实体状态。

2. 最大实体尺寸(MMS)

确定要素最大实体状态的尺寸称为最大实体尺寸。对于外尺寸要素,是其上极限尺寸;对于内尺寸要素,是其下极限尺寸,分别用符号 d_M 和 D_M 表示,即

$$d_M = d_{max}$$
$$D_M = D_{min}$$

3. 最大实体边界(MMB)

最大实体状态的理想形状的极限包容面,称为最大实体边界。

5.1.2 最小实体状态、最小实体尺寸和最小实体边界

1. 最小实体状态(LMC)

假定提取组成要素的局部尺寸处处位于极限尺寸且其具有实体最小时的状态称为最小实体状态。

2. 最小实体尺寸(LMS)

确定要素最小实体状态的尺寸称为最小实体尺寸,对于外尺寸要素,是其下极限尺寸;对于内尺寸要素,是其上极限尺寸,分别用符号 d_L 和 D_L 表示,即

$$d_L = d_{min}$$

$$D_L = D_{max}$$

3. 最小实体边界(LMB)

最小实体状态的理想形状的极限包容面,称为最小实体边界。

5.1.3 最大实体实效尺寸、最大实体实效状态和最大实体实效边界

1. 最大实体实效尺寸(MMVS)

尺寸要素的最大实体尺寸与其导出要素的几何公差共同作用产生的尺寸称为最大实体实效尺寸。其内、外尺寸要素分别用 D_{MV}、d_{MV} 表示。

对于外尺寸要素,MMVS＝MMS＋几何公差,即 $d_{MV}=$ MMS＋t。

对于内尺寸要素,MMVS＝MMS－几何公差,即 $D_{MV}=$ MMS－t。

2. 最大实体实效状态(MMVC)

拟合要素的尺寸为最大实效尺寸时的状态,称为最小实体实效状态。

3. 最大实体实效边界(MMVB)

最大实体实效状态的理想形状的极限包容面称为最大实体实效状态边界,如图 5-1(a)所示。

5.1.4 最小实体实效尺寸、最小实体实效状态和最小实体实效边界

1. 最小实体实效尺寸(LMVS)

尺寸要素的最小实体尺寸与其导出要素的几何公差共同作用产生的尺寸称为最小实体实效尺寸。其内、外尺寸要素分别用 D_{LV}、d_{LV} 表示。

对于外尺寸要素,LMVS＝LMS－几何公差,即 $d_{LV}=d_L-t$。

对于内尺寸要素,LMVS＝LMS＋几何公差,即 $D_{LV}=D_L+t$。

2. 最小实体实效状态(LMVC)

拟合要素的尺寸为最小实效尺寸时的状态,称为最小实体实效状态。

3. 最小实体实效边界(LMVB)

最小实体实效状态的理想形状的极限包容面称为最小实体实效状态,如图 5-1(b)所示。

5.1.5 边界尺寸

1. 最大实体边界尺寸

(1) 对于内尺寸要素,最大实体边界尺寸 $MMB_D=D_M=D_{min}$。

(2) 对于外尺寸要素,最大实体边界尺寸 $MMB_d=d_M=d_{max}$。

2. 最小实体边界尺寸

(1) 对于内尺寸要素,最小实体边界尺寸 $LMB_D=D_L=D_{max}$。

(2) 对于外尺寸要素,最小实体边界尺寸 $LMB_d=d_L=d_{min}$。

3. 最大实体实效边界尺寸

(1) 对于内尺寸要素,最大实体实效边界尺寸 $MMVB_D=D_{MV}=D_M-t=D_{min}-t$。

(2) 对于外尺寸要素,最大实体实效边界尺寸 $MMVB_d=d_{MV}=d_M+t=d_{max}+t$。

4. 最小实体实效边界尺寸

(1) 对于内尺寸要素,最小实体实效边界尺寸 $LMVB_D=D_{LV}=D_L+t=D_{max}+t$。

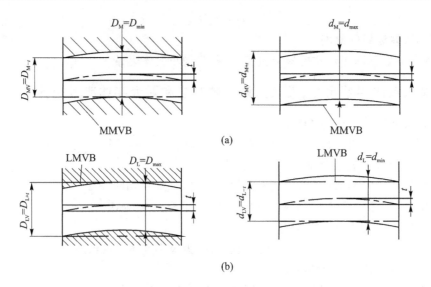

图 5-1 最大、最小实体实效尺寸和边界

(2) 对于外尺寸要素,最小实体实效边界尺寸 $LMVB_d = d_{LV} = d_L - t = d_{min} - t$。

5.2 独立原则和相关要求

5.2.1 独立原则

独立原则是图样上给定的尺寸公差和几何公差各自满足各自要求,相互无关的公差原则。采用独立原则时,尺寸公差只控制被测要素的提取组成要素的局部尺寸,使其不超出极限尺寸范围;被测要素的几何误差允许值与提取组成要素的局部尺寸无关,只取决于给定的几何公差值。

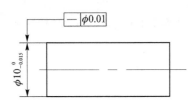

图 5-2 独立原则的应用示例

如图 5-2 所示的销轴,公称尺寸为 $\phi 10$ mm,尺寸公差为 0.015 mm,轴线的直线度公差为 $\phi 0.01$ mm。当轴的提取组成要素的局部尺寸在 $\phi 9.985$ mm 与 $\phi 10$ mm 之间的任何尺寸,其轴线的直线度误差在 $\phi 0.01$ mm 范围内时,销轴就为合格。若直线度误差超出 0.01 mm 时,尽管尺寸误差控制在公差 0.015 mm 内,但零件的轴线直线度超差则判为不合格。这说明零件的直线度公差与尺寸公差无关。如图 5-2 所标注的形式就体现独立原则。

5.2.2 相关要求

图样上给定的尺寸公差和几何公差相互有关的公差要求称为相关要求。相关要求分为包容要求、最大实体要求和最小实体要求三种。

1. 包容要求

包容要求是被测要素的实体,处处不得超越最大实体边界的一种公差原则,包容要求适用于圆柱表面或平行对应面的尺寸公差与形状公差之间的关系。

采用包容要求时,应在尺寸偏差或公差带代号后用符号Ⓔ加以标记。

包容要求表示提取组成要素应遵守其最大实体边界,其提取组成要素的局部尺寸不得超出最小实体尺寸。

如图 5-3 所示中圆柱表面必须在最大实体边界内,该边界尺寸为最大实体尺寸 $\phi20$ mm,其局部尺寸不得小于 $\phi19.8$ mm,即:当局部尺寸为 $\phi19.8$ mm 时,则允许的形状误差为 0.2 mm;当局部尺寸为最大实体尺寸时,允许的形状误差为 0。

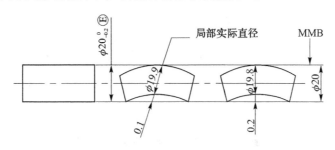

图 5-3 包容要求

包容要求是将尺寸误差和几何误差同时控制在尺寸公差范围内的一种公差要求,即图样上所标注的尺寸公差具有控制尺寸误差和控制形状误差双重功能。

包容要求主要用于需要保证配合性质的孔、轴中心轴线的直线度。

2. 最大实体要求(MMR)

最大实体要求是指尺寸要素的非拟合要素不得违反其最大实体实效状态的一种尺寸要素要求,即提取组成要素不得超越其最大实体实效边界的一种尺寸要素要求。

最大实体要求适用于导出要素,可应用于被测导出要素,也可应用于基准导出要素。

最大实体要求应用于被测导出要素时,应在被测要素几何公差框格中的公差值后标注符号Ⓜ;用于基准导出要素时,应在公差框格中相应的基准字母代号后标注符号Ⓜ。

(1) 最大实体要求用于被测要素　被测要素的实际轮廓应遵守其最大实体实效边界,且其被测要素的局部尺寸在最大与最小实体尺寸之间。

当最大实体要求用于被测要素时,其几何公差值是在该要素处于最大实体状态时给出的。当被测要素的实际轮廓偏离其最大实体形态时,几何误差值可以超出在最大实体状态下给出的几何公差值,即此时的几何公差值可以增大,其最大的增加量为该要素的最大实体尺寸与最小实体尺寸之差。

如图 5-4 中所示最大实体要求是用于被测要素 $\phi10_{-0.03}^{\ 0}$ 轴线的直线度公差,该轴线的直线度公差是 $\phi0.015$Ⓜ,其中 0.015 是给定值,是在零件被测要素处于最大实体状态时给定的,就是当零件的局部尺寸为最大实体尺寸 $\phi10$ mm 时,给定的直线度公差是 $\phi0.015$ mm。如果被测要素小于最大实体尺寸 $\phi10$ mm 时,则直线度公差允许增大,偏离多少就可以增大多少,最多可增大 0.03 mm。这样就可以把尺寸公差没有用到的部分补偿给几何公差值。可列式为

$$t_{允} = t_{给} + t_{增}$$

式中 $t_{允}$ 为轴线直线度误差允许达到的值,$t_{给}$ 为图样上给定的几何公差值,$t_{增}$ 为零件局部尺寸偏离最大实体尺寸而产生的增大值。

见表 5-1 中所列出了不同局部尺寸的增大值,以及由此而得到的轴线的直线度误差允许达到的值。可以看出,最大增大值就是最大实体尺寸与最小实体尺寸的代数差,也就等于其尺寸公差值 0.03 mm。其轴线直线度允许达到的最大值,即等于图样上给出的直线度公差值 $\phi0.015$ mm 与轴的尺寸公差 0.030 mm 之和为 $\phi0.045$ mm。

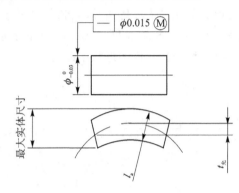

图 5-4 最大实体要求用于被测要素

表 5-1 不同局部尺寸的增大值及直线度误差允许值   mm

局部尺寸 la	增大值 $t_{增}$	允许值 $t_{允}$
10.00	0	0.015
9.99	0.01	0.025
9.98	0.02	0.035
9.97	0.03	0.045

(2)最大实体应用于基准要素 当最大实体要求应用于基准要素时,在几何公差框格内的基准字母后需标注符号Ⓜ,如图 5-5 所示。

最大实体要求应用于基准要素时,基准要素的提取组成要素不得超出基准要素的最大实体实效边界,若基准要素的实际轮廓小于其相应的边界,则允许基准要素在一定范围内浮动。此时基准的提取组成要素的局部尺寸小于最大实体尺寸多少,就允许增大多少,再与给定的几何公差值相加,就得到允许的公差值。

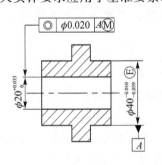

图 5-5 最大实体要求用于基准要素

图 5-5 所示零件为最大实体要求应用于基准要素,而基准要求本身又要求遵守包容要求(用符号Ⓔ表示),被测要素的同轴度公差值 $\phi0.020$ mm,是在该基准要素处于最大实体状态时给定的。如果基准要素的提取组成要素的局部尺寸是 $\phi39.990$ mm 时,同轴度的公差是图样上给定的公差值 $\phi0.020$ mm,当基准小于最大实体状态时,其相应的同轴度公差增大值及允许公差值如表 5-2 所列。

表 5-2　同轴度公差增大值和允许公差值

mm

局部尺寸 l_a	增大值 $t_{增}$	允许值 $t_允$
39.990	0	0.020
39.985	0.005	0.025
39.980	0.01	0.03
39.970	0.02	0.04
39.961	0.029	0.049

3. 最小实体要求(LMR)

最小实体要求是指尺寸要素的非拟合要素不得违反其最小实体实效状态的一种尺寸要素要求,即提取组成要素不得超越其最小实体实效边界的一种尺寸要素要求。

当最小实体要求应用于被测导出要素时,应在被测要素几何公差框格中的公差值后标注符号Ⓛ;用于基准导出要素时,应在公差框格中相应的基准字母代号后标注符号Ⓛ。

(1) 最小实体要求用于被测要素　被测要素的实际轮廓应遵守其最小实体实效边界,且其要素的局部尺寸在最大与最小实体尺寸之间。

最小实体要求用于被测要素时,其几何公差值是在该要素处于最小实体状态时给出的。当被测要素的实际轮廓大于其最小实体状态时,几何误差值可以超出在最小实体状态下给出的几何公差值。

(2) 最小实体要求用于基准要素　当最小实体要求应用于基准要素时,基准要素的提取组成要素不得违反基准要素的最小实体实效边界。

当基准要素的导出要素没有标注几何公差要求,或者注有几何公差但其后没有符号Ⓛ时,基准要素的最小实体实效尺寸为最小实体尺寸,此时,基准代号应标注在基准的尺寸线处,其连线与尺寸线对齐,如图 5-6(a)所示。

当基准要素的导出要素注有形状公差且其后有符号Ⓛ时,基准要素的最大实体实效尺寸是 LMS 减去(对外部要素)或加上(对内部要素)该形状公差值,此时,基准代号应直接标注在形成该最大实体实效边界的几何公差框格下面,如图 5-6(b)所示。

具体分析请参照最大实体要求相关内容。

4. 可逆要求(RPR)

可逆要求是最大实体要求和最小实体要求的附加要求。在不影响零件功能要求的前提下,当被测中心线或中心面的几何误差值小于给出的几何公差值时,允许相应的尺寸公差增大。用可逆要求能充分利用最大实体实效状态和最小实体实效状态的尺寸,在制造可能性的基础上,可逆要求允许尺寸和几何公差之间相互补偿。

采用可逆的最大实体要求时,在被测要素的几何公差框格中的公差值后面加注ⓂⓇ。如图 5-7 所示是中心线的垂直度公差采用可逆的最大实体要求的示例,当该轴处于最大实体状态时,其中心线垂直度公差为 ϕ0.20 mm,若轴的垂直度误差小于给出的公差值,则允许轴的提取组成要素的局部尺寸超出其最大实体尺寸 ϕ20 mm,但必须遵守最大实体实效边界。所以当轴的中心线垂直度为零时,其实际尺寸可达最大值,即等于轴的最大实体实效尺寸 $\phi 20.20$ mm。

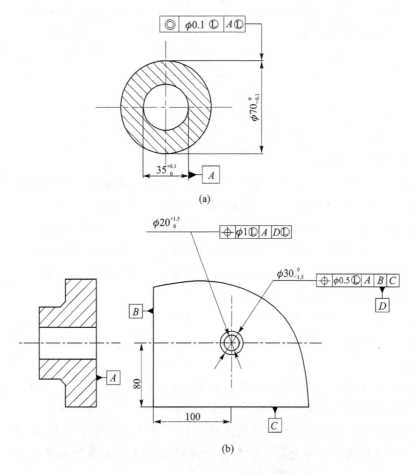

图 5-6 最小实体要求用于基准要素

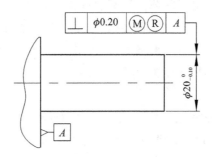

图 5-7 可逆要求用于最大实体

采用可逆的最小实体要求时,应在被测要素的几何公差框格中的公差值后面加注Ⓛ Ⓡ。如图 5-8 所示是孔的中心线对基准平面任意方向的位置度公差采用可逆的最小实体要求的示例,当孔处于最小实体状态时,其中心线对基准平面的位置度公差为 $\phi 0.1$ mm,若孔的中心线对基准的位置度误差小于给出的公差值,则提取组成要素的局部尺寸允许超过最小实体尺寸,即可大于 ϕ35.1 mm,但必须遵守最小实体实效边界,所以当位置度为零时,其提取组成要素的局部尺寸可达到最大值,即等于 ϕ35.2 mm。

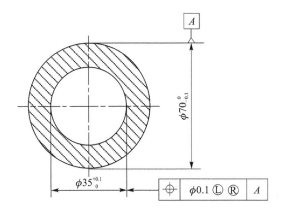

图 5-8 可逆要求用于最小实体

习　题

1. 国家标准规定了哪些公差原则或要求？它们主要应用在什么场合？
2. 什么是最大实体尺寸？什么是最小实体尺寸？
3. 什么是独立原则？主要用于什么场合？
4. 什么是包容要求？
5. 什么是最大实体要求？什么是最小实体要求？
6. 习题图 5-1 中标注了轴的尺寸公差和几何公差,请按要求填空。

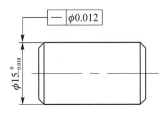

习题图 5-1

① 此轴所采用的公差原则(或要求)是(　　　),尺寸公差和几何公差的关系是(　　　)。

② 轴的最大实体尺寸为(　　　)mm;轴的最小实体尺寸为(　　　)mm。

③ 当轴的提取组成要素的局部尺寸为 ϕ15 mm 时,轴线的直线度误差值为(　　　)mm。

④ 当轴的提取组成要素的局部尺寸为 ϕ14.982 mm 时,轴线的直线度误差值为(　　　)mm。

7. 习题图 5-2 中标注了孔的尺寸公差和几何公差,请按要求填写。

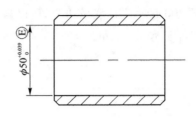

习题图 5-2

① 此孔所采用的公差原则(或要求)是(　　　　),尺寸公差和几何公差的关系是(　　　　)。

② 此孔应遵守的边界为(　　　　)边界,其边界尺寸为(　　　　)尺寸,尺寸数值为(　　　　)mm。

③ 孔的提取组成要素的局部尺寸必须在(　　　　)mm 和(　　　　)mm 之间。

④ 当孔的提取组成要素的局部尺寸为最大实体尺寸(　　　　)mm 时,允许的轴线直线度误差值为(　　　　)mm。

⑤ 当孔的提取组成要素的局部尺寸为最小实体尺寸(　　　　)mm 时,允许的轴线直线度误差值为(　　　　)mm。

第 6 章 表面粗糙度

【学习目标】
(1) 了解表面粗糙度基本术语的含义。
(2) 熟悉表面粗糙度的评定参数 Ra 和 Rz。
(3) 掌握表面粗糙度的选用和标注。
(4) 掌握表面粗糙度标注参数符号的含义。
(5) 能正确标注零件加工表面的粗糙度符号。
(6) 了解表面粗糙度对零件加工质量的影响。

6.1 表面粗糙度的基本概念

6.1.1 表面粗糙度的概念

无论是机械加工后的零件表面,还是其他方法获得的零件表面,总会存在由较小间距的峰、谷组成的微量高低不平的痕迹,粗加工表面,用眼睛直接就能看出加工痕迹;精加工表面,看上去似乎光滑平整,但用放大镜或仪器观察仍然可以看到加工痕迹。

表面粗糙度是指加工表面具有的较小间距和微小峰谷的不平度,其两波峰或两波谷之间的距离(波距)很小(在 1 mm 以下),它属于微观几何形状误差,表面粗糙度越小,表面越光滑;如图 6-1 所示。

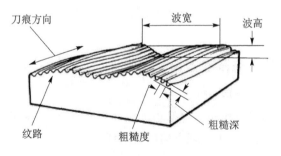

图 6-1 表面粗糙度

6.1.2 表面粗糙度对零件使用功能的影响

1. 对摩擦和磨损的影响

当两个表面做相对运动时,一般情况下表面越粗糙,其摩擦系数和摩擦阻力越大,零件的磨损也越快。

2. 对配合性质的影响

对有配合要求的零件表面,无论是哪一类配合,表面粗糙度都会影响配合性质的稳定性。对于间隙配合来说,会因表面微观形状的凸峰在工作过程中很快磨损而使间隙增大,破坏原有的配合性质,表面越粗糙,就越易磨损;对过盈配合来说,由于装配时将微观凸峰挤平,减小了实际有效过盈,降低了连接强度。

3. 对疲劳强度的影响

粗糙零件的表面会存在较大的波谷,它们像尖角缺口或裂纹一样,对应力集中很敏感,从而降低零件的疲劳强度。

4. 对接触刚度的影响

接触刚度是零件结合面在外力作用下,抵抗接触变形的能力。表面越粗糙,表面间的实际接触面积就越小,单位面积受力就越大,使峰顶处的局部塑性变形增大,接触刚度降低,从而影响机器的工作精度和抗振性能。

5. 对耐腐蚀性的影响

粗糙的零件表面,易使腐蚀性气体或液体通过表面的微观凹谷渗入到金属内层,造成表面腐蚀加剧,可通过降低零件表面粗糙度值以增强其抗腐蚀能力。

6. 对密封性的影响

粗糙不平的两个结合表面,必然产生缝隙,无法严密地贴合,气体或液体就会通过接触面间的缝隙渗漏,影响其密封性。

7. 对测量精度的影响

零件被测表面和测量工具测量面的表面粗糙度会直接影响测量的精度,尤其是在精密测量时影响更大。

此外,表面粗糙度对零件的镀涂层、导热性和接触电阻、反射能力和辐射性能、液体和气体流动的阻力、导体表面电流的流通等都会有不同程度的影响。

6.2 表面粗糙度的评定

6.2.1 表面粗糙度评定的基本术语和定义

1. 表面轮廓

一个指定平面与实际表面相交所得的轮廓线称为表面轮廓,在评定表面粗糙度时,除非特别说明,通常是指垂直于表面加工纹理方向的轮廓线。

2. 取样长度 lr

取样长度是指用于判别被评定轮廓的不规则特征的 X 轴方向上的长度,是具有表面粗糙度特征长度,取样长度应根据零件实际表面的形成情况和纹理特征,选取能反映表面粗糙度特征的那一段长度,量取取样长度时应根据实际表面轮廓的总的走向进行。规定和选择取样长度是为了限制和减弱表面波纹度和形状误差对表面粗糙度的测量结果的影响,取样长度过长,表面粗糙度的测量值中可能包含有表面波纹度的成分;取样长度过短,则不能客观反映表面粗糙度的实际情况,使测得结果有很大随机性。可见,取样长度与表面粗糙度的评定参数有关,因此要求在取样长度范围内,一般要有不少于 5 个以上的轮廓峰和轮廓谷,如图 6-2 所示。

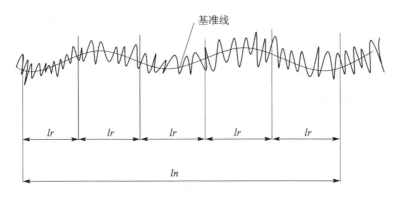

图 6-2 取样长度和评定长度

3. 评定长度 ln

由于加工表面有着不同程度的不均匀性,为了充分合理地反映某一表面的粗糙度特性,用于评定轮廓的 X 轴方向的长度,它包括一个或数个取样长度,称为评定长度 ln。一般按标准选取 5 个,即 $ln=5lr$,见图 6-2。如被测表面均匀性好,可选用小于 $5lr$ 的评定长度值;反之,均匀性较差的表面应选用大于 $5lr$ 的评定长度值,表 6-1 是取样长度 lr 和评定长度 ln 的选用值与 Ra 和 Rz 对应关系。

表 6-1 取样长度 lr 和评定长度 ln 的选用值与 Ra、Rz 对应关系

$Ra/\mu m$	$Rz/\mu m$	lr/mm	ln/mm
0.008~0.02	0.025~0.10	0.08	0.4
0.02~0.10	0.10~0.50	0.25	1.25
0.10~2.0	0.50~10.0	0.8	4.0
2.0~10.0	10.0~50.0	2.5	12.5
10.0~80	50.0~320	8.0	40.0

注:对于轮廓单元宽度较大的端铣、滚铣及其大进给走刀量的加工表面,应按标准规定的取样长度系列选取较大的取样长度值。

4. 基准线

基准线是指具有几何轮廓形状并划分轮廓的基准线,也称轮廓中线(也有叫曲线平均线)。基准线有下列两种:

① 轮廓的最小二乘中线:在取样长度内,使轮廓上各点到该基准线的距离的平方和为最小的线称为轮廓的最小二乘中线,它是指具有理想轮廓的基准线。

② 轮廓的算术平均中线:具有理想轮廓形状并在取样长度内与轮廓走向一致的基准线,该基准线将实际轮廓分为上下两部分,而且上部分面积之和等于下部分面积之和。

理论上轮廓最小二乘中线是理想的基准线,但在实际应用中很难获得,因此一般用轮廓的算术平均中线代替,在实际测量时可用一根位置近似的直线代替。

6.2.2 表面粗糙度的评定参数

国家规定表面粗糙度的参数由高度参数和附加参数组成,高度参数为主要参数,其中轮廓算术平均偏差 Ra 和轮廓最大高度 Rz 最为常见,在幅度参数常用范围内优先选用 Ra。在

2006年以前国家标准中还有一个评定参数为"微观不平度十点高度"用 Rz 表示,轮廓最大高度用 Ry 表示,在 2006 年以后国家标准中取消了微观不平度十点高度,采用 Rz 表示轮廓最大高度。其附加参数一般指轮廓单峰平均间距 S、轮廓微观不平度的平均间距 S_m 和轮廓支承长度率 t_p。

1. 轮廓算术平均偏差 Ra

它是在取样长度 lr 内,纵坐标 $Z(x)$(被测轮廓上的各点至基准线 x 的距离)绝对值的算术平均值,如图 6-3 所示。在实际测量中,测量点的数目越多,Ra 越准确。可用下式表示

$$Ra = (Y_1 + Y_2 + \cdots + Y_n)/n$$

式中 $Y_1, Y_2, \cdots, Y_n$ 分别为轮廓上各点到轮廓中线的距离。

2. 轮廓最大高度 Rz

它是在一个取样长度内,最大轮廓峰高和最大轮廓谷深之和的高度,如图 6-3 所示。

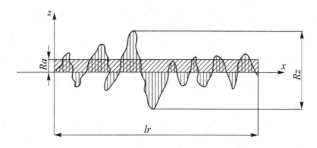

图 6-3 Ra 和 Rz 参数示意图

GB/T 1031—2009 给出的 Ra 和 Rz 系列值见表 6-2 所列。

表 6-2 Ra、Rz 系列值

μm

Ra	Rz	Ra	Rz
0.012		6.3	6.3
0.025	0.025	12.5	12.5
0.05	0.05	25	25
0.1	0.1	50	50
0.2	0.2	100	100
0.4	0.4		200
0.8	0.8		400
1.6	1.6		800
3.2	3.2		1 600

表面光洁度是表面粗糙度的另一称法,表面光洁度是按人的视觉观点提出来的;而表面粗糙度是按表面微观几何形状的实际提出来的。为了与国际标准(ISO)接轨,我国 80 年代后采用表面粗糙度而废止了表面光洁度。在表面粗糙度 GB3505—83 和 GB1031—83 颁布后,表面光洁度的已不再采用,以下仅作简单介绍。

表面光洁度与表面粗糙度有相应的对照表,如表 6-3 所列,光洁度只能用样板规对照,而表面粗糙度有测量的计算公式,所以用粗糙度替代光洁度更科学严谨。

表 6-3　表面光洁度与表面粗糙度数值换算表

μm

表面光洁度		▽1	▽2	▽3	▽4	▽5	▽6	▽7
表面粗糙度	Ra	50	25	12.5	6.3	3.2	1.6	0.8
	Rz	200	100	50	25	12.5	6.3	6.3
表面光洁度		▽8	▽9	▽10	▽11	▽12	▽13	▽14
表面粗糙度	Ra	0.4	0.2	0.100	0.050	0.025	0.012	
	Rz	3.2	1.6	0.8	0.4	0.2	0.1	

6.3　表面粗糙度的标注

6.3.1　表面粗糙度的表示方法

1. 表面粗糙度图形符号的画法和尺寸

表面粗糙度基本图形符号由两条不等长的与标注表面成 60°夹角的直线构成,在图样上用细实线画出,其画法如图 6-4 所示,其图形符号的尺寸如表 6-4 所列。

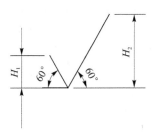

图 6-4　基本图形符号的画法

表 6-4　图形符号的尺寸

mm

数字与字母的高 h	2.5	3.5	5	7	10	14	20
高度 H_1	3.5	5	7	10	14	20	28
高度 H_2(最小值)	7.5	10.5	15	21	30	42	60

注：H_2 取决于标注内容。

2. 表面粗糙度的图形符号及其含义

在图样中,可以用不同的图形符号来表示对零件表面结构的不同要求。标注表面粗糙度的图形符号及其含义如表 6-5 所列。

表 6-5　表面粗糙度图形符号及其含义

符号名称	符号样式	含义及说明
基本图形符号	∨	表示表面可用任何方法获得,基本图形符号仅用于简化代号标注,当通过一个注释解释时可单独使用,没有补充说明时不能单独使用

续表 6-5

符号名称	符号样式	含义及说明
扩展图形符号	∇	表面用去除材料的方法获得,如通过车、铣、刨、磨等机械加工的表面,仅当其含义是"被加工表面"时可单独使用
	∇ (带圆圈)	表面是不用去除材料的方法获得,如铸、锻等;也可用于保持上道工序形成的表面,不管这种状况是通过去除材料或不去除材料形成的
完整图形符号		在基本图形符号或扩展图形符号的长边上加一横线,用于标注表面结构特征的补充信息,用于标注有关参数和说明
工件轮廓各表面图形符号		当在某个视图上组成封闭轮廓的各表面有相同的表面结构要求时,应在完整图形符号上加一圆圈,标注在图样中工件的封闭轮廓线上

3. 表面粗糙度参数及其他补充要求在图形符号中的注写位置

在表面粗糙度符号的基础上,注出表面粗糙度参数数值及其他有关的规定项目后就形成了表示表面粗糙度的代号。注写位置如图 6-5 所示。

图 6-5 表面粗糙度的代号的表示方法

① 位置 a:注写表面结构的单一要求。

② 位置 a 和位置 b:注写两个或多个表面粗糙度要求,方法同①;在位置 a 注写第一个表面结构要求;在位置 b 注写第二个表面结构要求。如果要注写第三个或更多个表面结构要求,图形符号应在垂直方向扩大,以空出足够的空间。扩大图形符号时,a 和 b 的位置随之上移。

③ 位置 c:注写加工方法、表面处理、涂层或其他加工工艺要求,如"车""磨""铣""镀"等。

④ 位置 d:注写所要求的表面纹理和纹理的方向,如"=""X""M"等。

⑤ 位置 e:注写所要求的加工余量(mm)。

4. 表面粗糙度的标注示例及含义

标准规定,表面粗糙度高度参数值和取样长度是两项基本要求,应在图样上注出,若取样长度按标准选取,则可省略;对附加参数和其他附加要求可根据需要确定是否标注。

标注表面粗糙度参数时应使用完整图形符号,表面粗糙度代号示例如表 6-6 所列。

表 6-6 表面粗糙度参数标注示例及含义

序号	代号示例	含义或解释
1	$Ra\ 0.8$	表示不允许去除材料,单向上限值,算术平均偏差为 $0.8\ \mu m$,"16% 规则"(默认)
2	$U\ Ra\ 0.8$ $L\ Ra\ 1.6$	表示去除材料,双向极限值,上限值是算术平均偏差为 $0.8\ \mu m$,"16% 规则"(默认);下限值是算术平均偏差为 $1.6\ \mu m$,"16% 规则"(默认)
3	$L\ Ra\ 1.6$	表示任意加工方法,单向下限值,算术平均偏差为 $1.6\ \mu m$,"16% 规则"(默认)

续表 6-6

序号	代号示例	含义或解释
4	√ Rz max 1.6	表示不允许去除材料,单向上限值,轮廓最大高度的最大值 1.6 μm,"最大规则"
5	√ Ra max 0.8 / Ra 1.6	表示去除材料,双向极限值,上限值是算术平均偏差为 0.8 μm,最大规则;下限值是算术平均偏差为 1.6 μm,"16%规则"(默认)
6	铣 √ Ra 0.8 ⊥ −2.5/Rz 3.2	表示去除材料,两个单向上限值,①算术平均偏差为 0.8 μm,16%规则(默认);②传输带为 −2.5 mm,轮廓最大高度 3.2 μm,"16%规则"(默认),表面纹理垂直于视图所在的投影面。加工方法为铣削
7 8	√ √Y √Z	简化符号:符号及所加字母的含义由图样中的标注说明

注:① 参数代号于极限之间应留有空格,U 和 L 分别表示上限值和下限值,当只有单向极限要求时,若为单向上限值,则均可不加注 U,若为单向下限值,则应加注 L。如果是双向极限要求,在不引起歧义时,可不加注 U 和 L。
② "传输带"是指评定时的波长范围。传输带被一个截止短波的滤波器(短波滤波器)和另一个截止长波的滤波器(长波滤波器)所限制。
③ "16%规则"是指同一评定长度范围内所有的实测值中,大于上限值的个数应少于总数的 16%,小于下限值的个数应少于总数的 16%。
④ 极值规则:整个被测表面上所有的实测值皆应不大于最大允许值,皆应不小于最小允许值。

5. 表面纹理的标注

表面纹理的标注如图 6-6 所示。

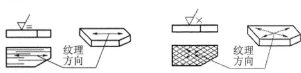

(a) 纹理平行于标注代号的视图投影面　(b) 纹理呈两斜向交叉且与视图所在的投影面相交

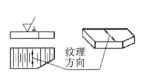

(c) 纹理垂直于标注代号的视图投影面　(d) 纹理呈近似同心且圆心与表面中心相关

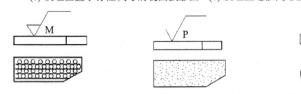

(e) 纹理呈多方向　(f) 纹理呈微粒、凸起,无方向　(g) 纹理呈近似放射状且与表面圆心相关

图 6-6　表面纹理的标注

6.3.2 表面粗糙度在图样中的标注

当零件大部分表面具有相同的表面粗糙度时,对其中使用最多的一种符号、代号可统一标注在图样的右上角,并加注"其余"两字,统一标注的代号及文字高度应是图形上其他表面所注代号和文字的1.4倍。在图样上,表面粗糙度符号一般标注在可见轮廓线、尺寸线或其延长线上,也可以标注在引线上;符号的尖端必须从材料外指向表面,代号中数字及符号的注写方向与尺寸数字方向一致。在同一张图样上,每一表面一般只标注一次符号、代号,并尽可能标注在相应的尺寸及其公差的同一视图上,除非另有说明,所标注的表面结构要求是对完工零件表面的要求,如表6-7所列。

表 6-7 表面粗糙度标注方法和实例

序号	说 明	实 例
1	表面粗糙度一般要求对每一表面只标注一次,并尽可能注在相应的尺寸及其公差的同一视图上。表面粗糙度的注写和读取方向与尺寸的注写和读取方向一致	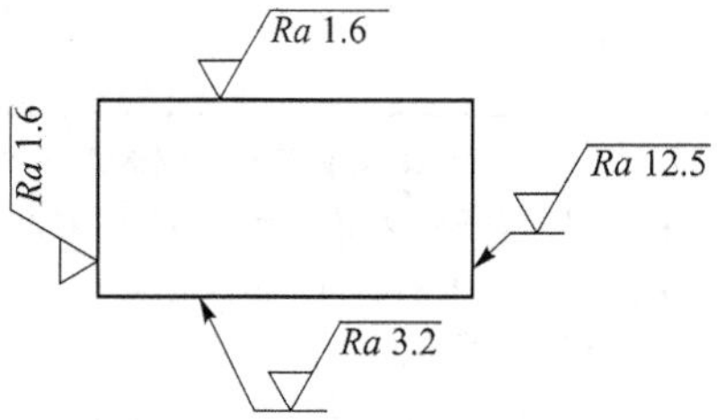
2	表面粗糙度标注的位置在轮廓线或其延长线上,其符号应从材料外指向并接触表面,必要时表面粗糙度符号也可用带箭头和黑点的指引线引出标注	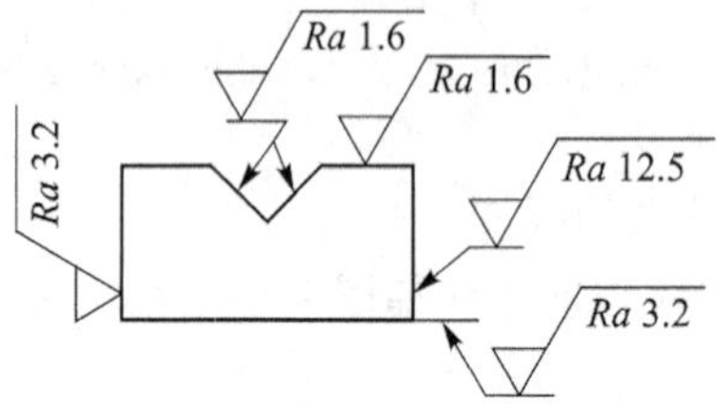
3	在不致引起误解时,表面粗糙度可标注在给定的尺寸线上	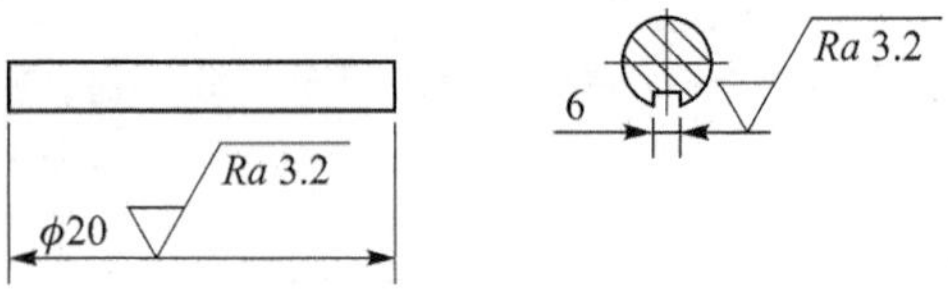
4	表面粗糙度可标注在几何公差框格的上方	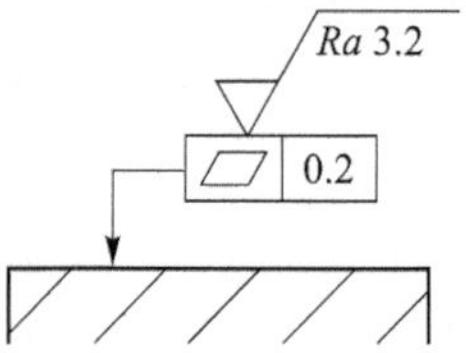

续表 6-7

序号	说 明	实 例
5	如果在工件的多数表面有相同的表面粗糙度要求,则其表面粗糙度要求可统一标注在图样的标题栏附近,此时,表面粗糙度要求的代号后面有以下两种情况 ①在圆括号内给出无任何其他标注的基本符号(见图(a)) ②在圆括号内给出不同的表面结构要求(见图(b))	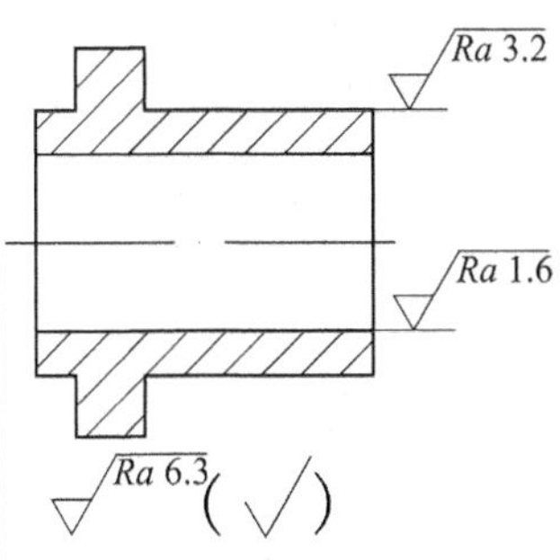 (a) 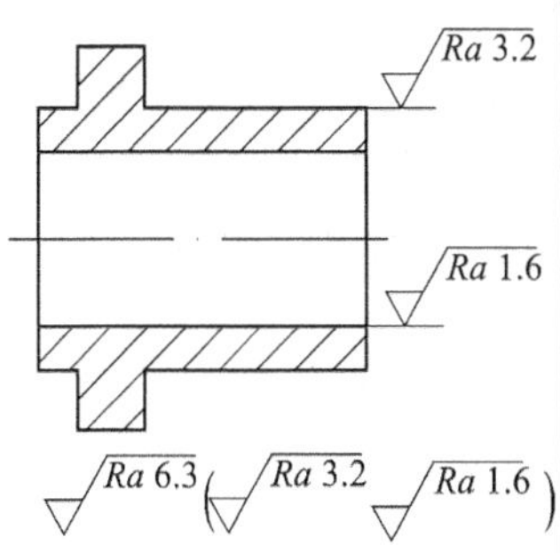 (b)
6	当多个表面有相同的表面粗糙度要求或图纸空间有限时,可以采用简化注法 ①用带字母的完整图形符号,以等式的形式,在图形或标题栏附近,对有相同表面粗糙度要求的表面进行简化标注(见图(a)) ②用基本图形符号或扩展图形符号,以等式的形式给出对多个表面共同的表面粗糙度要求(见图(b))	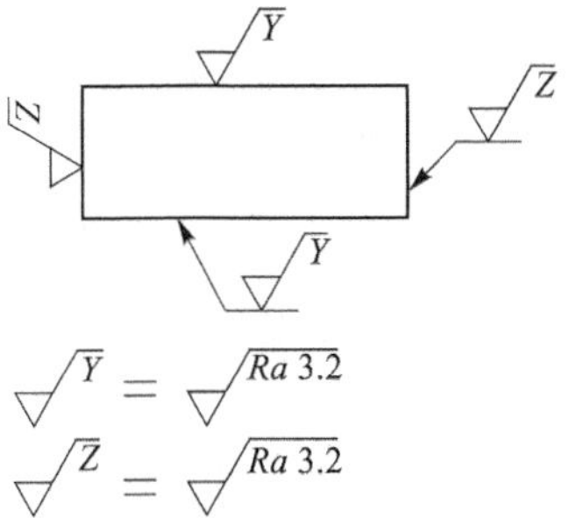 (a) 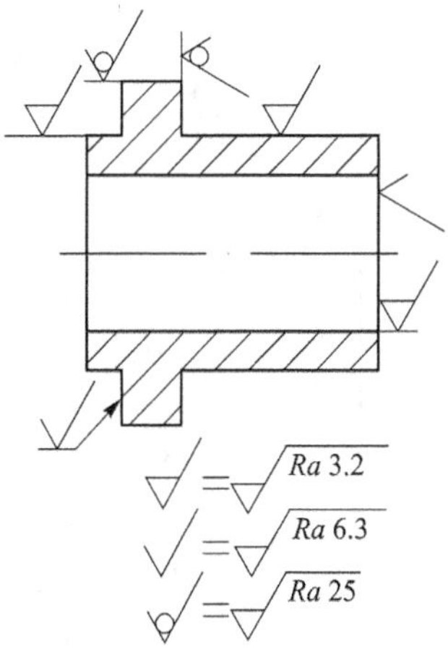 (b)

6.4 表面粗糙度的选用

表面粗糙度对零件使用有很大影响,一般说来,表面粗糙度数值小,会提高配合质量,减少磨损,延长零件使用寿命,但零件的加工费用会增加。因此,要正确、合理地选用表面粗糙度数值。在设计零件时,表面粗糙度数值的选择,是根据零件在机器中的作用决定的。

总的选择原则是在保证满足技术要求的前提下,尽量选用较大的表面粗糙度数值,以便简化加工工艺,降低加工成本。

表面粗糙度的选择一般采用类比法,具体选择时可参考下列因素:

① 在同一零件上,工作表面比非工作表面的粗糙度数值小。

② 摩擦表面比不摩擦表面的粗糙度数值小;滚动摩擦表面比滑动摩擦表面要求粗糙度数值小;运动速度高、压力大的摩擦表面比运动速度低、压力小的摩擦表面的表面粗糙度数值

③对间隙配合,配合间隙越小,粗糙度数值应越小;对过盈配合,为保证连接强度的牢固可靠,载荷越大,要求粗糙度数值越小,一般情况间隙配合比过盈配合粗糙度数值要小。

④配合表面的粗糙度应与其尺寸精度要求相当。配合性质相同时,零件尺寸越小,则表面粗糙度数值越小;同一精度等级,小尺寸比大尺寸表面粗糙度数值要小,轴比孔表面粗糙度数值要小(特别是IT8~IT5的精度);通常在尺寸公差、表面形状公差小时,表面粗糙度数值要小。

⑤受周期性载荷的表面及可能会发生应力集中的内圆角、沟槽等处,表面粗糙度数值应较小。

⑥防腐性、密封性要求越高,表面粗糙度数值应越小。

表6-8给出了表面粗糙度参数值在某一范围内的表面特性、对应的加工方法及应用举例,供选用时参考。

表6-8 表面粗糙度的表面特征、经济加工方法和应用举例

表面特征		Ra/μm	加工方法	应用举例
粗糙表面	可见刀痕	20~40	粗车、粗刨、粗铣、钻、毛镗、锯割	半成品粗加工的表面,非配合加工表面,如轴端面、倒角、钻孔、齿轮带轮侧面和键槽底面等
	微见刀痕	10~20		
半光表面	微见加工痕迹	5~10	车、铣、刨、镗、钻、粗铰	轴上不安装轴承、齿轮处的非配合表面、紧固件的自由装配表面、轴和孔的退刀槽等
		2.5~5	车、铣、刨、镗、磨、锉、滚压、电火花、粗刮	半精加工表面,箱体、支架、端盖、套筒等与其他零件结合而无配合要求的表面,需要发蓝的表面等
	看不见加工痕迹	1.25~2.5	车、铣、刨、镗、磨、刮、拉、滚压、铣齿	接近于精加工表面,箱体上安装轴承的镗孔表面,齿轮的工作面
光表面	可辨加工痕迹的方向	0.63~1.25	车、镗、磨、刮、拉、滚压、精铰、粗研、磨齿	圆柱销、圆锥销和滚动轴承配合的表面、卧式车床导轨面和内外花键定位表面等
	微辨加工痕迹的方向	0.32~0.63	精铰、精镗、磨、刮、滚压、研磨	要求配合性质稳定的配合表面,工作时受交变应力重要零件和较高车床的导轨面
	不可辨加工痕迹的方向	0.16~0.32	精磨、研磨、超精加工、抛光	精磨机床主轴锥孔、顶尖圆锥面、发动机曲轴、凸轮轴工作表面和高精度齿轮齿面

续表 6-8

表面特征		$Ra/\mu m$	加工方法	应用举例
极光表面	暗光泽面	0.08~0.16	精磨、研磨、普通抛光、超精车	镜面机床主轴颈表面、一般量规工作表面、气缸内表面、活塞销表面、仪器导轨面等
	亮光泽面	0.04~0.08	超精磨、精抛光、镜面磨削	镜面机床主轴颈表面和滚动轴承的滚珠、滚子和高速摩擦的工作表面
	镜状光泽面	0.01~0.04		高压液压泵中柱塞和柱塞套的配合表面和中等精度仪器零件配合表面
	雾状镜面	0.01~0.02	镜面磨削、超精研	高精度量仪、量块的工作表面和光学仪器中的金属镜面
	镜面	≤0.01		

6.5 表面粗糙度的检测

测量表面粗糙度参数值时,若图样上没有特别注明测量方向,则应在数值最大的方向上测量。一般是在垂直于表面加工纹理方向的截面上测量,对于没有一定加工纹理方向的表面(如电火花、研磨等加工表面),应在几个不同的方向上测量,并取最大值作为测量结果,此外,测量时还应注意不要把表面缺陷,如沟槽、气孔、划痕等包括进去。表面粗糙度测量具有被测量小、测量精度要求高等特点。

检测表面粗糙度要求不严的表面时,可采用比较法;要求精度较高、需要获得准确评定参数时,则须采用专业仪器检测表面粗糙度。

1. 比较法

比较法是将被测量表面与标有一定数值的表面粗糙度样板比较,通过人的视觉或触觉判断被测表面粗糙度的一种检测方法,视觉比较是用人眼反复比较被测零件表面与粗糙度样板表面的加工痕迹、反光强弱、色彩差异,以帮助确定被测零件表面的粗糙度大小的方法,必要时也可借助放大镜观察;触觉比较是用手触摸或者用手指划过被测零件表面与粗糙度样板表面,通过感觉比较被测零件表面与粗糙度样板表面在波峰高度和间距上的差异,从而判断被测表面粗糙度的大小的方法。

比较时可以采用的方法:$Ra>1.6\mu m$ 时用目测,$Ra1.6\sim Ra0.4\mu m$ 时用放大镜,$Ra<0.4\mu m$ 时用比较显微镜。为了减少误差,提高判断的准确性,比较时,要求样板的加工方法、加工纹理、加工方向、使用的材料和被测零件表面保持一致。

比较法测量简便,适用于车间现场检验,缺点是评定的可靠性很大程度上取决于检测人员的经验,仅适用于评定表面粗糙度要求不高的工件。当零件批量较大时,也可从成批零件中挑选几个样品,经检定后作为表面粗糙度样块使用。

2. 仪器检测法

传统的仪器检测方法有光切法、干涉法和感触法(又称针描法)。

(1) 光切法 光切法是利用光切原理测量零件表面粗糙度的方法,光切显微镜(又称双管显微镜)就是应用这一原理设计而成的,它适宜 Rz 参数评定,其测量范围为 $0.5\sim60\mu m$。

(2) 干涉法

利用光波干涉原理将被测表面的形状误差以干涉条纹图形显示出来,并利用高放大倍数(可达 500 倍)的显微镜将这些干涉条纹的微观部分放大后用光波波长来度量干涉条纹的弯曲程度从而测得被测表面粗糙度,应用此法的表面粗糙度测量工具称为干涉显微镜,这种方法适用于测量 Rz,其测量范围为 $0.025 \sim 0.8 \ \mu m$。

(3) 感触法(针描法)

针描法是一种接触式测量表面粗糙度的方法,最常用的仪器是电动轮廓仪,用来测量 Ra 值,如图 6-7 所示,测量时使触针以一定速度划过被测表面,传感器将触针随被测表面的微小峰谷的上下移动转化成电信号,并经过传输、放大和积分运算处理后,通过显示器显示 Ra 值,其测量范围为 $0.01 \sim 25 \ \mu m$。

随着电子技术发展,利用光电、传感、微处理器和液晶显示灯等先进技术制造的各种表面粗糙度测量仪在生产中应用越来越广泛,如图 6-8 所示的各种感触式微控表面粗糙度测量仪,在测量表面粗糙度时,一般可直接显示出被测表面实际轮廓的放大图形和多项粗糙度特性参数数值,有的测量仪还具有打印功能,可直接将其打印出来。如图 6-8(c)所示。

图 6-7 电动轮廓仪

(a)　　　(b)　　　(c)

图 6-8 感触式微控表面粗糙度检测仪

习　题

1. 什么是表面粗糙度?表面粗糙度对零件使用性能有哪些影响?
2. 试述轮廓算术平均偏差 Ra 的定义并写出其表达式。
3. 表面粗糙度的符号有哪几种?说明各种符号的含义。
4. 什么是表面粗糙度的代号?画图讲述标准规定各参数在符号上的标注位置。
5. 一般如何选用表面粗糙度?通常遵循的基本原则是什么?
6. 怎样检测表面粗糙度?
7. 试将下列要求标在习题图 6-1 中:

① 大端圆柱面:尺寸要求为 $\phi 30h7$ mm,采用包容要求,表面粗糙度 Ra 的上限值为 $0.8 \ \mu m$;

② 小端圆柱面轴线对大端圆柱面轴线的同轴度公差为 $\phi 0.03$ mm;

③ 小端圆柱面:尺寸为 $\phi 20 \pm 0.005$ mm,圆度公差为 0.01 mm,R_Z 的最大值为 $1.6 \ \mu m$,其

余表面 Ra 的上限值均为 6.3 μm。

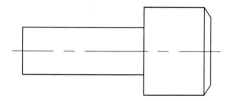

习题图 6-1

8. 解释习题图 6-2 中所标注的表面粗糙度代号的意义。

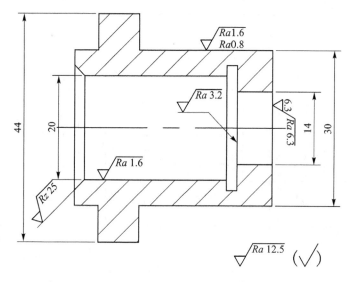

习题图 6-2

附　表

附表一　轴的基本偏差数值表

公称尺寸 /mm		基本偏差数值														
		上极限偏差 es										下极限偏差 ei				
		所有标准公差等级										IT5 和 IT6	IT7	IT8	IT4～IT7	≤IT3 >IT7
大于	至	a	b	c	cd	d	e	ef	f	fg	g	h	js	j		k	
—	3	−270	−140	−60	−34	−20	−14	−10	−6	−4	−2	0		−2	−4	−6	0	0
3	6	−270	−140	−70	−46	−30	−20	−14	−10	−6	−4	0		−2	−4		+1	0
6	10	−280	−150	−80	−56	−40	−25	−18	−13	−8	−5	0		−2	−5		+1	0
10	14	−290	−150	−95		−50	−32		−16		−6	0		−3	−6		+1	0
14	18																	
18	24	−300	−160	−110		−65	−40		−20		−7	0		−4	−8		+2	0
24	30																	
30	40	−310	−170	−120		−80	−50		−25		−9	0		−5	−10		+2	0
40	50	−320	−180	−130														
50	65	−340	−190	−140		−100	−60		−30		−10	0		−7	−12		+2	0
65	80	−360	−200	−150														
80	100	−380	−220	−170		−120	−72		−36		−12	0	偏差 = ± $\frac{IT_n}{2}$, 式中 IT_n 是 IT 值数	−9	−15		+3	0
100	120	−410	−240	−180														
120	140	−460	−260	−200		−145	−85		−43		−14	0		−11	−18		+3	0
140	160	−520	−280	−210														
160	180	−580	−310	−230														
180	200	−660	−340	−240		−170	−100		−50		−15	0		−13	−21		+4	0
200	225	−740	−380	−260														
225	250	−820	−420	−280														
250	280	−920	−480	−300		−190	−110		−56		−17	0		−16	−26		+4	0
280	315	−1050	−540	−330														
315	355	−1200	−600	−360		−210	−125		−62		−18	0		−18	−28		+4	0
355	400	−1350	−680	−400														
400	450	−1500	−760	−440		−230	−135		−68		−20	0		−20	−32		+5	0
450	500	−1650	−840	−480														
500	560					−260	−145		−76		−22	0					0	0
560	630																	
630	710					−290	−160		−80		−24	0					0	0
710	800																	
800	900					−320	−170		−86		−26	0					0	0
900	1000																	
1000	1120					−350	−195		−98		−28	0					0	0
1120	1250																	
1250	1400					−390	−220		−110		−30	0					0	0
1400	1600																	
1600	1800					−430	−240		−120		−32	0					0	0
1800	2000																	
2000	2240					−480	−260		−130		−34	0					0	0
2240	2500																	
2500	2800					−520	−290		−145		−38	0					0	0
2800	3150																	

附 表

μm

基本偏差数值												
下极限偏差 ei												
所有标准公差等级												
m	n	p	r	s	t	u	v	x	y	z	za	zb	zc
+2	+4	+6	+10	+14		+18		+20		+26	+32	+40	+60
+4	+8	+12	+15	+19		+23		+28		+35	+42	+50	+80
+6	+10	+15	+19	+23		+28		+34		+42	+52	+67	+97
+7	+12	+18	+23	+28		+33		+40		+50	+64	+90	+130
							+39	+45		+60	+77	+108	+150
+8	+15	+22	+28	+35		+41	+47	+54	+63	+73	+98	+136	+188
					+41	+48	+55	+64	+75	+88	+118	+160	+218
+9	+17	+26	+34	+43	+48	+60	+68	+80	+94	+112	+148	+200	+274
					+54	+70	+81	+97	+114	+136	+180	+242	+325
+11	+20	+32	+41	+53	+66	+87	+102	+122	+144	+172	+226	+300	+405
			+43	+59	+75	+102	+120	+146	+174	+210	+274	+360	+480
+13	+23	+37	+51	+71	+91	+124	+146	+178	+214	+258	+335	+445	+585
			+54	+79	+104	+144	+172	+210	+256	+310	+400	+525	+690
+15	+27	+43	+63	+92	+122	+170	+202	+248	+300	+365	+470	+620	+800
			+65	+100	+134	+190	+228	+280	+340	+415	+535	+700	+900
			+68	+108	+146	+210	+252	+310	+380	+465	+600	+780	+1000
+17	+31	+50	+77	+122	+166	+236	+284	+350	+425	+520	+670	+880	+1150
			+80	+130	+180	+258	+310	+385	+470	+575	+740	+960	+1250
			+84	+140	+196	+284	+340	+425	+520	+610	+820	+1050	+1350
+20	+34	+56	+94	+158	+218	+315	+385	+475	+580	+710	+920	+1200	+1500
			+98	+170	+240	+350	+425	+525	+650	+790	+1000	+1300	+1700
+21	+37	+62	+108	+190	+268	+390	+475	+590	+730	+900	+1150	+1500	+1900
			+114	+208	+294	+435	+530	+660	+820	+1000	+1300	+1650	+2100
+23	+40	+68	+126	+232	+330	+490	+595	+740	+920	+1100	+1450	+1850	+2400
			+132	+252	+360	+540	+660	+820	+1000	+1250	+1600	+2100	+2600
+26	+44	+78	+150	+280	+400	+600							
			+155	+310	+450	+660							
+30	+50	+88	+175	+340	+500	+740							
			+185	+380	+560	+840							
+34	+56	+100	+210	+430	+620	+940							
			+220	+470	+680	+1050							
+40	+66	+120	+250	+520	+780	+1150							
			+260	+580	+840	+1300							
+48	+78	+140	+300	+640	+960	+1450							
			+330	+720	+1050	+1600							
+58	+92	+170	+370	+820	+1200	+1850							
			+400	+920	+1350	+2000							
+68	+110	+195	+440	+1000	+1500	+2300							
			+460	+1100	+1650	+2500							
+76	+135	+240	+550	+1250	+1900	+2900							
			+580	+1400	+2100	+3200							

注：公称尺寸小于或等于 1 mm 时，基本偏差 a 和 b 均不采用。公差带 js7 至 js11，若 IT_n 值数是奇数，则取偏差 $= \pm \dfrac{IT_n - 1}{2}$。

附表二 孔的基本偏差数值表

公称尺寸/mm		基本偏差数值																	
		下极限偏差 EI										上极限偏差 ES							
		所有标准公差等级										IT6	IT7	IT8	≤IT8	>IT8	≤IT8	>IT8	≤IT8	>IT8
大于	至	A	B	C	CD	D	E	EF	F	FG	G	H	JS	J			K		M		N
—	3	+270	+140	+60	+34	+20	+14	+10	+6	+4	+2	0		+2	+4	+6	0	0	−2	−2	−4	−4
3	6	+270	+140	+70	+46	+30	+20	+14	+10	+6	+4	0		+5	+6	+10	−1+Δ		−4+Δ	−4	−8+Δ	0
6	10	+280	+150	+80	+56	+40	+25	+18	+13	+8	+5	0		+5	+8	+12	−1+Δ		−6+Δ	−6	−10+Δ	0
10	14	+290	+150	+95		+50	+32		+16		+6	0		+6	+10	+15	−1+Δ		−7+Δ	−7	−12+Δ	0
14	18																					
18	24	+300	+160	+110		+65	+40		+20		+7	0		+8	+12	+20	−2+Δ		−8+Δ	−8	−15+Δ	0
24	30																					
30	40	+310	+170	+120		+80	+50		+25		+9	0		+10	+14	+24	−2+Δ		−9+Δ	−9	−17+Δ	0
40	50	+320	+180	+130																		
50	65	+340	+190	+140		+100	+60		+30		+10	0		+13	+18	+28	−2+Δ		−11+Δ	−11	−20+Δ	0
65	80	+360	+200	+150																		
80	100	+380	+220	+170		+120	+72		+36		+12	0	偏差=±$\frac{IT_n}{2}$，式中 IT_n 是 IT 值数	+16	+22	+34	−3+Δ		−13+Δ	−13	−23+Δ	0
100	120	+410	+240	+180																		
120	140	+460	+260	+200		+145	+85		+43		+14	0		+18	+26	+41	−3+Δ		−15+Δ	−15	−27+Δ	0
140	160	+520	+280	+210																		
160	180	+580	+310	+230																		
180	200	+660	+340	+240		+170	+100		+50		+15	0		+22	+30	+47	−4+Δ		−17+Δ	−17	−31+Δ	0
200	225	+740	+380	+260																		
225	250	+820	+420	+280																		
250	280	+920	+480	+300		+190	+110		+56		+17	0		+25	+36	+55	−4+Δ		−20+Δ	−20	−34+Δ	0
280	315	+1050	+540	+330																		
315	355	+1200	+600	+360		+210	+125		+62		+18	0		+29	+39	+60	−4+Δ		−21+Δ	−21	−37+Δ	0
355	400	+1350	+680	+400																		
400	450	+1500	+760	+440		+230	+135		+68		+20	0		+33	+43	+66	−5+Δ		−23+Δ	−23	−40+Δ	0
450	500	+1650	+840	+480																		
500	560					+260	+145		+76		+22	0					0		−26		−44	
560	630																					
630	710					+290	+160		+80		+24	0					0		−30		−50	
710	800																					
800	900					+320	+170		+86		+26	0					0		−34		−56	
900	1000																					
1000	1120					+350	+195		+98		+28	0					0		−40		−66	
1120	1250																					
1250	1400					+390	+220		+110		+30	0					0		−48		−78	
1400	1600																					
1600	1800					+430	+240		+120		+32	0					0		−58		−92	
1800	2000																					
2000	2240					+480	+260		+130		+34	0					0		−68		−110	
2240	2500																					
2500	2800					+520	+290		+145		+38	0					0		−76		−135	
2800	3150																					

附 表

μm

	基本偏差数值												Δ值					
	上极限偏差 ES																	
≤IT7				标准公差等级大于 IT7								标准公差等级					
P 至 ZC	P	R	S	T	U	V	X	Y	Z	ZA	ZB	ZC	IT3	IT4	IT5	IT6	IT7	IT8
在大于IT7的相应数值上增加一个Δ值	−6	−10	−14		−18		−20		−26	−32	−40	−60	0	0	0	0	0	0
	−12	−15	−19		−23		−28		−35	−42	−50	−80	1	1.5	1	3	4	6
	−15	−19	−23		−28		−34		−42	−52	−67	−97	1	1.5	2	3	6	7
	−18	−23	−28		−33		−40		−50	−64	−90	−130	1	2	3	3	7	9
							−45		−60	−77	−108	−150						
	−22	−28	−35		−41	−47	−54	−63	−73	−98	−136	−188	1.5	2	3	4	8	12
				−41	−48	−55	−64	−75	−88	−118	−160	−218						
	−26	−34	−43	−48	−60	−68	−80	−94	−112	−148	−200	−274	1.5	3	4	5	9	14
				−54	−70	−81	−97	−114	−136	−180	−242	−325						
	−32	−41	−53	−66	−87	−102	−122	−144	−172	−226	−300	−405	2	3	5	6	11	16
		−43	−59	−75	−102	−120	−146	−174	−210	−274	−360	−480						
	−37	−51	−71	−91	−124	−146	−178	−214	−258	−335	−445	−585	2	4	5	7	13	19
		−54	−79	−104	−144	−172	−210	−254	−310	−400	−525	−690						
	−43	−63	−92	−122	−170	−202	−248	−300	−365	−470	−620	−800	3	4	6	7	15	23
		−65	−100	−134	−190	−228	−280	−340	−415	−535	−700	−900						
		−68	−108	−146	−210	−252	−310	−380	−465	−600	−780	−1000						
	−50	−77	−122	−166	−236	−284	−350	−425	−520	−670	−880	−1150	3	4	6	9	17	26
		−80	−130	−180	−258	−310	−385	−470	−575	−740	−960	−1250						
		−84	−140	−196	−284	−340	−425	−520	−640	−820	−1050	−1350						
	−56	−94	−158	−218	−315	−385	−475	−580	−710	−920	−1200	−1550	4	4	7	9	20	29
		−98	−170	−240	−350	−425	−525	−650	−790	−1000	−1300	−1700						
	−62	−108	−190	−268	−390	−475	−590	−730	−900	−1150	−1500	−1900	4	5	7	11	21	32
		−114	−208	−294	−435	−530	−660	−820	−1000	−1300	−1650	−2100						
	−68	−126	−232	−330	−490	−595	−740	−920	−1100	−1450	−1850	−2400	5	5	7	13	23	34
		−132	−252	−360	−540	−660	−820	−1000	−1250	−1600	−2100	−2600						
	−78	−150	−280	−400	−600													
		−155	−310	−450	−660													
	−88	−175	−340	−500	−740													
		−185	−380	−560	−840													
	−100	−210	−430	−620	−940													
		−220	−470	−680	−1050													
	−120	−250	−520	−780	−1150													
		−260	−580	−840	−1300													
	−140	−300	−640	−960	−1450													
		−330	−720	−1050	−1600													
	−170	−370	−820	−1200	−1850													
		−400	−920	−1350	−2000													
	−195	−440	−1000	−1500	−2300													
		−460	−1100	−1650	−2500													
	−240	−550	−1250	−1900	−2900													
		−580	−1400	−2100	−3200													

注：1. 公称尺寸小于或等于 1 mm 时，基本偏差 A 和 B 及大于 IT8 的 N 均不采用。公差带 JS7 至 JS11，若 IT_n 值数是奇数，则取偏差 $=\pm\frac{IT_n-1}{2}$。

2. 对小于或等于 IT8 的 K、M、N 和小于或等于 IT7 的 P 至 ZC，所需 Δ 值从表内右侧选取。例如：18 mm～30 mm 段的 K7，Δ＝8 μm，所以 ES＝−2＋8＝＋6 μm；18 mm～30 mm 段的 S6，Δ＝4 μm，所以 ES＝−35＋4＝−31 μm。特殊情况：250 mm～315 mm 段的 M6，ES＝−9 μm（代替−11 μm）。

附表三　轴的极限偏差表

公称尺寸 mm		公差带										
		a					b					c
		公差等级										
大于	至	9	10	11	12	13	9	10	11	12	13	8
—	3	−270 −295	−270 −310	−270 −330	−270 −410	−140 −165	−140 −165	−140 −180	−140 −200	−140 −240	−140 −280	−60 −74
3	6	−270 −300	−270 −318	−270 −345	−270 −390	−270 −450	−140 −170	−140 −188	−140 −215	−140 −260	−140 −320	−70 −88
6	10	−280 −316	−280 −338	−280 −370	−280 −430	−280 −500	−150 −186	−150 −208	−150 −240	−150 −300	−150 −370	−80 −102
10	14	−290 −333	−290 −360	−290 −400	−290 −470	−290 −560	−150 −193	−150 −220	−150 −260	−150 −330	−150 −420	−95 −122
14	18											
18	24	−300 −352	−300 −384	−300 −430	−300 −510	−300 −630	−160 −212	−160 −244	−160 −290	−160 −370	−160 −490	−110 −143
24	30											
30	40	−310 −372	−310 −410	−310 −470	−310 −560	−310 −700	−170 −232	−170 −270	−170 −330	−170 −420	−170 −560	−120 −159
40	50	−320 −382	−320 −420	−320 −480	−320 −570	−320 −710	−180 −242	−180 −280	−180 −340	−180 −430	−180 −570	−130 −169
50	65	−340 −414	−340 −460	−340 −640	−340 −640	−340 −800	−190 −264	−190 −310	−190 −380	−190 −490	−190 −650	−140 −186
65	80	−360 −434	−360 −480	−360 −550	−360 −660	−360 −820	−200 −274	−200 −320	−200 −390	−200 −500	−200 −660	−150 −196
80	100	−380 −467	−380 −520	−380 −600	−380 −730	−380 −920	−220 −307	−220 −360	−220 −440	−220 −570	−220 −760	−170 −224
100	120	−410 −497	−410 −550	−410 −630	−410 −760	−410 −950	−240 −327	−240 −380	−240 −460	−240 −590	−240 −780	−180 −234
120	140	−460 −560	−460 −620	−460 −710	−460 −860	−460 −1090	−260 −360	−260 −420	−260 −510	−260 −660	−260 −890	−200 −263
140	160	−520 −620	−520 −680	−520 −770	−520 −920	−520 −1150	−280 −380	−280 −440	−280 −530	−280 −680	−280 −910	−210 −273
160	180	−580 −680	−580 −740	−580 −830	−580 −980	−580 −1210	−310 −410	−310 −470	−310 −560	−310 −710	−310 −940	−230 −293
180	200	−660 −775	−660 −845	−660 −950	−660 −1120	−660 −1380	−340 −455	−340 −525	−340 −630	−340 800	−340 −1060	−240 −312
200	225	−740 −855	−740 −925	−740 −1030	−740 −1200	−740 −1460	−380 −495	−380 −565	−380 −670	−380 −840	−380 −1100	−260 −332
225	250	−820 −935	−820 −1005	−820 −1110	−820 −1280	−820 −1540	−420 −535	−420 −605	−420 −710	−420 −880	−420 −1140	−280 −352
250	280	−920 −1050	−920 −1130	−920 −1240	−920 −1440	−920 −1730	−480 −610	−480 −690	−480 −800	−480 −1000	−480 −1290	−300 −381
280	315	−1050 −1180	−1050 −1260	−1050 −1370	−1050 −1570	−1050 −1860	−540 −670	−540 −750	−540 −860	−540 1060	−540 −1350	−330 −411
315	355	−1200 −1340	−1200 −1430	−1200 −1560	−1200 −1770	−1200 −2090	−600 −740	−600 −830	−600 −960	−600 −1170	−600 −1490	−360 −449
355	400	−1350 −1490	−1350 −1580	−1350 −1710	−1350 −1920	−1350 −2240	−680 −820	−680 −910	−680 −1040	−680 −1250	−680 −1570	−400 −489
400	450	−1500 −1655	−1500 −1750	−1500 −1900	−1500 −2130	−1500 −2470	−760 −915	−760 −1010	−760 −1160	−760 −1390	−760 −1730	−440 −537
450	500	−1650 −1805	−1650 −1900	−1650 −2050	−1650 −2280	−1650 −2620	−840 −955	−840 −1090	−840 −1240	−840 −1470	−840 −1801	−480 −577

μm

公差带												
c					d					e		
9	10	11	12	13	7	8	9	10	11	6	7	8
−60 −85	−60 −100	−60 −120	−60 −160	−60 −200	−20 −30	−20 −34	−20 −45	−20 −60	−20 −80	−14 −20	−14 −24	−14 −28
−70 −100	−70 −118	−70 −145	−70 −190	−70 −250	−30 −42	−30 −48	−30 −60	−30 −78	−30 −105	−20 −28	−20 −32	−20 −38
−80 −116	−80 −138	−80 −170	−80 −220	−80 −300	−40 −55	−40 −62	−40 −76	−40 −98	−40 −130	−25 −34	−25 −40	−25 −47
−95 −138	−95 −165	−95 −205	−95 −275	−95 −365	−50 −68	−50 −77	−50 −93	−50 −120	−50 −160	−32 −43	−32 −50	−32 −59
−110 −162	−110 −194	−110 −240	−110 −320	−110 −440	−65 −86	−65 −98	−65 −117	−65 −149	−65 −195	−40 −53	−40 −61	−40 −73
−120 −182	−120 −220	−120 −280	−120 −370	−120 −510	−80 −105	−80 −119	−80 −142	−80 −180	−80 −240	−50 −66	−50 −75	−50 −89
−130 −192	−130 −230	−130 −290	−130 −380	−130 −520								
−140 −214	−140 −260	−140 −330	−140 −440	−140 −600	−100 −130	−100 −146	−100 −174	−100 −220	−100 −290	−60 −79	−60 −90	−60 −106
−150 −224	−150 −270	−150 −340	−150 −450	−150 −610								
−170 −257	−170 −310	−170 −390	−170 −520	−170 −710	−120 −155	−120 −174	−120 −207	−120 −260	−120 −340	−72 −94	−72 −107	−72 −126
−180 −267	−180 −320	−180 −400	−180 −530	−180 −720								
−200 −300	−200 −360	−200 −450	−200 −600	−200 −830	−145 −185	−145 −208	−145 −245	−145 −305	−145 −395	−85 −110	−85 −125	−85 −148
−210 −310	−210 −370	−210 −460	−210 −610	−210 −840								
−230 −330	−230 −390	−230 −480	−230 −630	−230 −860								
−240 −355	−240 −425	−240 −530	−240 −700	−240 −960	−170 −216	−170 −242	−170 −285	−170 −355	−170 −460	−100 −129	−100 −146	−100 −172
−260 −375	−260 −445	−260 −550	−260 −720	−260 −980								
−280 −395	−280 −465	−280 −570	−280 −740	−280 −1 000								
−300 −430	−300 −510	−300 −620	−300 −820	−300 −1 110	−190 −242	−190 −271	−190 −320	−190 −400	−190 −510	−110 −142	−110 −162	−110 −191
−330 −460	−330 −540	−330 −650	−330 −850	−330 −1 140								
−360 −500	−360 −590	−360 −720	−360 −930	−360 −1 250	−210 −267	−210 −299	−210 −350	−210 −440	−210 −570	−125 −161	−125 −182	−125 −124
−400 −540	−400 −630	−400 −760	−400 −970	−400 −1 290								
−440 −595	−440 −690	−440 −840	−440 −1 070	−440 −1 410	−230 −293	−230 −327	−230 −385	−230 −480	−230 −630	−135 −175	−135 −198	−135 −232
−480 −635	−480 −730	−480 −880	−480 −1 110	−480 −1 450								

公称尺寸 mm		公差带										
		e		f					g			
		公差等级										
大于	至	9	10	5	6	7	8	9	4	5	6	7
—	3	−14 −39	−14 −54	−6 −10	−6 −12	−6 −16	−6 −20	−6 −31	−2 −5	−2 −6	−2 −8	−2 −12
3	6	−20 −50	−20 −68	−10 −15	−10 −18	−10 −22	−10 −28	−10 −40	−4 −8	−4 −9	−4 −12	−4 −16
6	10	−25 −61	−25 −83	−13 −19	−13 −22	−13 −28	−13 −35	−13 −49	−5 −9	−5 −11	−5 −14	−5 −20
10	14	−32 −75	−32 −102	−16 −24	−16 −27	−16 −34	−16 −43	−16 −59	−6 −11	−6 −14	−6 −17	−6 −24
14	18											
18	24	−40 −92	−40 −124	−20 −29	−20 −33	−20 −41	−20 −53	−20 −72	−7 −13	−7 −16	−7 −20	−7 −28
24	30											
30	40	−50 −112	−50 −150	−25 −36	−25 −41	−25 −50	−25 −64	−25 −87	−9 −16	−9 −20	−9 −25	−9 −34
40	50											
50	65	−60 −134	−60 −180	−30 −43	−30 −49	−30 −60	−30 −76	−30 −104	−10 −18	−10 −23	−10 −29	−10 −40
65	80											
80	100	−72 −159	−72 −212	−36 −51	−36 −58	−36 −71	−36 −90	−36 −123	−12 −22	−12 −27	−12 −34	−12 −47
100	120											
120	140	−85 −185	−85 −245	−43 −61	−43 −68	−43 −83	−43 −106	−43 −143	−14 −26	−14 −32	−14 −39	−14 −54
140	160											
160	180											
180	200	−100 −215	−100 −285	−50 −70	−50 −79	−50 −96	−50 −122	−50 −165	−15 −29	−15 −35	−15 −41	−15 −61
200	225											
225	250											
250	280	−110 −240	−110 −320	−56 −79	−56 −88	−56 −108	−56 −137	−56 −186	−17 −33	−17 −40	−17 −49	−17 −68
280	315											
315	355	−125 −265	−125 −355	−62 −87	−62 −98	−62 −119	−62 −151	−62 −202	−18 −36	−18 −43	−18 −54	−18 −75
355	400											
400	450	−135 −290	−135 −385	−68 −95	−68 −108	−68 −131	−68 −165	−68 −223	−20 −40	−20 −47	−20 −60	−20 −83
450	500											

续表

公差带												
g	h											
公差等级												
8	1	2	3	4	5	6	7	8	9	10	11	12
−2 −16	0 −0.8	0 −1.2	0 −2	0 −3	0 −4	0 −6	0 −10	0 −14	0 −25	0 −40	0 −60	0 −100
−4 −22	0 −1	0 −1.5	0 −2.5	0 −3	0 −5	0 −8	0 −12	0 −18	0 −30	0 −48	0 −75	0 −120
−5 −27	0 −1	0 −1.5	0 −2.5	0 −4	0 −6	0 −9	0 −15	0 −22	0 −30	0 −58	0 −90	0 −150
−6 −33	0 −1.2	0 −2	0 −3	0 −5	0 −8	0 −11	0 −18	0 −27	0 −43	0 −70	0 −110	0 −180
−7 −40	0 −1.5	0 −2.5	0 −4	0 −6	0 −9	0 −13	0 −21	0 −33	0 −52	0 −84	0 −130	0 −210
−9 −48	0 −1.5	0 −2.5	0 −4	0 −7	0 −11	0 −16	0 −25	0 −39	0 −62	0 −100	0 −160	0 −250
−10 −50	0 −2	0 −3	0 −5	0 −8	0 −13	0 −19	0 −30	0 −46	0 −74	0 −120	0 −190	0 −300
−12 −66	0 −2.5	0 −4	0 −6	0 −10	0 −15	0 −22	0 −35	0 −54	0 −87	0 −140	0 −220	0 −350
−14 −77	0 −3.5	0 −5	0 −8	0 −12	0 −18	0 −25	0 −40	0 −63	0 −100	0 −160	0 −250	0 −400
−15 −87	0 −4.5	0 −7	0 −10	0 −14	0 −20	0 −29	0 −48	0 −72	0 −115	0 −185	0 −290	0 −460
−17 −98	0 −6	0 −8	0 −12	0 −16	0 −23	0 −32	0 −52	0 −81	0 −130	0 −210	0 −320	0 −520
−18 −107	0 −7	0 −9	0 −13	0 −18	0 −25	0 −36	0 −57	0 −89	0 −140	0 −230	0 −360	0 −570
−20 −117	0 −8	0 −10	0 −15	0 −20	0 −27	0 −40	0 −63	0 −97	0 −155	0 −250	0 −400	0 −630

公称尺寸 mm		公差带										
		h	j			js						
		公差等级										
大于	至	13	5	6	7	1	2	3	4	5	6	7
—	3	0 −140	—	+4 −2	+6 −4	±0.4	±0.6	±1	±1.5	±2	±3	±5
3	6	0 −180	+3 −2	+6 −2	+8 −4	±0.5	±0.75	±1.25	±2	±2.5	±4	±6
6	10	0 −220	+4 −2	+7 −2	+10 −5	±0.5	±0.75	±1.25	±2	±3	±4.5	±7
10	14	0 −270	+5 −3	+8 −3	+12 −6	±0.6	±1	±1.5	±2.5	±4	±5.5	±9
14	18											
18	24	0 −330	+5 −4	+9 −4	+13 −8	±0.75	±1.25	±2	±3	±4.5	±6.5	±10
24	30											
30	40	0 −390	+6 −5	+11 −5	+15 −10	±0.75	±1.25	±2	±3.5	±5.5	±8	±12
40	5											
50	65	0 −460	+6 −7	+12 −7	+18 −12	±1	±1.5	±2.5	±4	±6.5	±9.5	±15
65	80											
80	100	0 −540	+6 −9	+13 −9	+20 −15	±1.25	±2	±3	±5	±7.5	±11	±17
100	120											
120	140	0 −630	+7 −11	+14 −11	+22 −18	±1.75	±2.5	±4	±6	±9	±12.5	±20
140	160											
160	180											
180	200	0 −720	+7 −13	+16 −13	+25 −21	±2.25	±3.5	±5	±7	±10	±14.5	±23
200	225											
225	250											
250	280	0 −810	+7 −16	—	—	±3	±4	±6	±8	±11.5	±16	±26
280	315											
315	355	0 −890	+7 −18	—	+29 −28	±3.5	±4.5	±6.5	±9	±12.5	±18	±28
355	400											
400	450	0 −970	+7 −20	—	+31 −32	4	5	±7.5	±10	±13.5	±20	±31
450	500											

续表

公差带												
js						k					m	
公差等级												
8	9	10	11	12	13	4	5	6	7	8	4	5
±7	±12	±20	±30	±50	±70	+3 0	+4 0	+6 0	+10 0	+14 0	+5 +2	+6 +2
±9	±15	±24	±37	±60	±90	+5 +1	+6 +1	+9 +1	+13 +1	+18 0	+8 +4	+9 +4
±11	±18	±29	±45	±75	±110	+5 +1	+7 +1	+10 +1	+16 +1	+22 0	+10 +6	+12 +6
±13	±21	±35	±55	±90	±135	+6 +1	+9 +1	+12 +1	+19 +1	+27 0	+12 +7	+15 +7
±16	±26	±42	±65	±105	±165	+8 +2	+11 +2	+15 +2	+23 +2	+33 0	+14 +8	+17 +8
±19	±31	±50	±80	±125	±195	+9 +2	+13 +2	+18 +2	+27 +2	+39 0	+16 +9	+20 +9
±23	±37	±60	±95	±150	±230	+10 +2	+15 +2	+21 +2	+32 +2	+46 0	+19 +11	+24 +11
±27	±43	±70	±110	±175	±270	+13 +3	+18 +3	+25 +3	+38 +3	+54 0	+23 +13	+28 +13
±31	±50	±80	±125	±200	±315	+15 +3	+21 +3	+28 +3	+43 +3	+63 0	+27 +15	+33 +15
±36	±57	±92	±145	±230	±360	+18 +4	+24 +4	+33 +4	+50 +4	+72 0	+31 +17	+37 +17
±40	±65	±105	±160	±200	±405	+20 +4	+27 +4	+36 +4	+56 +4	+81 0	+36 +20	+43 +20
±44	±70	±115	±180	±285	±445	+22 +4	+29 +4	+40 +4	+61 +4	+89 0	+39 +21	+46 +21
±48	±77	±125	±200	±315	±485	+25 +5	+32 +5	+45 +5	+68 +5	+97 0	+43 +23	+50 +23

公称尺寸 mm		公差带										
		m			n					p		
		公差等级										
大于	至	6	7	8	4	5	6	7	8	4	5	6
—	3	+8 +2	+12 +2	+16 +2	+7 +4	+8 +4	+10 +4	+14 +4	+18 +4	+9 +6	+10 +6	+12 +6
3	6	+12 +4	+16 +4	+22 +4	+12 +8	+13 +8	+16 +8	+20 +8	+26 +8	+16 +12	+17 +12	+20 +12
6	10	+15 +6	+21 +6	+28 +6	+14 +10	+16 +10	+19 +10	+25 +10	+32 +10	+19 +15	+21 +15	+24 +15
10	14	+18 +7	+25 +7	+34 +7	+17 +12	+20 +12	+23 +12	+30 +12	+39 +12	+23 +18	+26 +18	+29 +18
14	18											
18	24	+21 +8	+29 +8	+41 +8	+21 +15	+24 +15	+28 +15	+36 +15	+48 +15	+28 +22	+31 +22	+35 +22
24	30											
30	40	+25 +9	+34 +9	+48 +9	+24 +17	+28 +17	+33 +17	+42 +17	+56 +17	+33 +26	+37 +26	+42 +26
40	50											
50	65	+30 +11	+41 +11	+57 +11	+28 +20	+33 +20	+39 +20	+50 +20	+66 +20	+40 +32	+45 +32	+51 +32
65	80											
80	100	+35 +13	+48 +13	+67 +13	+33 +23	+38 +23	+45 +23	+58 +23	+77 +23	+47 +37	+52 +37	+59 +37
100	120											
120	140	+40 +15	+55 +15	+78 +15	+39 +27	+45 +27	+52 +27	+67 +27	+90 +27	+55 +43	+61 +43	+68 +43
140	160											
160	180											
180	200	+46 +17	+63 +17	+89 +17	+45 +31	+51 +31	+60 +31	+77 +31	+103 +31	+64 +50	+70 +50	+79 +50
200	225											
225	250											
250	280	+52 +20	+72 +20	+101 +20	+50 +34	+57 +34	+66 +34	+86 +34	+115 +37	+72 +56	+79 +56	+88 +56
280	315											
315	355	+57 +21	+78 +21	+110 +21	+55 +37	+62 +37	+73 +37	+94 +37	+126 +37	+80 +62	+87 +62	+98 +62
355	400											
400	450	+63 +23	+86 +23	+120 +23	+60 +40	+67 +40	+80 +40	+103 +40	+137 +40	+88 +68	+95 +68	+108 +68
450	500											

续表

公差带											
p		r					s				t
公差等级											
7	8	4	5	6	7	8	4	5	6	7	8	5
+16 +6	+20 +6	+13 +10	+14 +10	+16 +10	+20 +10	+24 +10	+17 +14	+18 +14	+20 +14	+24 +14	+28 +14	—
+24 +12	+30 +12	+19 +15	+20 +15	+23 +15	+27 +15	+33 +15	+23 +19	+24 +19	+27 +19	+31 +19	+37 +19	—
+30 +15	+37 +15	+23 +19	+25 +19	+28 +19	+34 +19	+41 +19	+27 +23	+29 +23	+32 +23	+38 +23	+45 +23	—
+36 +18	+45 +18	+28 +23	+31 +23	+34 +23	+41 +23	+50 +23	+23 +28	+36 +28	+39 +28	+46 +28	+55 +28	—
+43 +22	+55 +22	+34 +28	+37 +28	+41 +28	+49 +28	+61 +28	+41 +35	+44 +35	+48 +35	+56 +35	+68 +38	+50 +41
+51 +26	+65 +26	+41 +34	+45 +34	+50 +34	+59 +34	+73 +34	+50 +43	+54 +43	+59 +43	+68 +43	+82 +43	+59 +48
+62 +32	+78 +32	+49 +41	+54 +41	+60 +41	+71 +41	+87 +41	+61 +53	+66 +53	+72 +53	+83 +53	+90 +53	+65 +54
		+51 +43	+56 +43	+62 +43	+73 +43	+89 +43	+67 +59	+72 +59	+78 +59	+89 +59	+105 +59	+79 +66
+72 +37	+91 +37	+61 +51	+66 +51	+73 +51	+86 +51	+105 +51	+81 +71	+86 +71	+93 +71	+106 +71	+125 +71	+88 +75
		+64 +54	+69 +54	+76 +54	+89 +54	+108 +54	+89 +79	+94 +79	+101 +79	+114 +79	+133 +79	+106 +91
+73 +43	+100 +43	+75 +63	+81 +63	+88 +63	+103 +63	+126 +63	+104 +92	+110 +92	+117 +92	+132 +92	+155 +92	+119 +104
		+77 +65	+83 +65	+90 +65	+105 +65	+105 +65	+112 +100	+118 +108	+125 +100	+140 +100	+163 +100	+140 +122
		+80 +68	+86 +68	+93 +68	+108 +68	+108 +68	+120 +108	+126 +108	+133 +108	+148 +108	+171 +108	+152 +134
+96 +50	+122 +50	+91 +77	+97 +77	+106 +77	+123 +77	149 +77	+136 +122	+142 +122	+151 +122	+168 +122	+194 +122	+164 +146
		+94 +80	+100 +80	+109 +80	+126 +80	+152 +80	+144 +130	+150 +130	+159 +130	+176 +130	+202 +130	+186 +166
		+98 +84	+104 +84	+113 +84	+156 +84	+156 +84	+154 +140	+160 +140	+169 +140	+186 +140	+212 +140	+200 +180
+108 +56	+137 +56	+110 +94	+117 +94	+126 +94	+146 +94	+175 +94	+174 +158	+181 +158	+190 +158	+210 +158	+239 +158	+216 +196
		+114 +98	+121 +98	+130 +98	+150 +98	+179 +98	+186 +170	+193 +170	+202 +170	+222 +170	+251 +170	+241 +218
+119 +62	+151 +62	+126 +108	+133 +108	+144 +108	+165 +108	+197 +108	+208 +190	+215 +190	+226 +190	+247 +190	+279 +190	+263 +240
		+132 +114	+139 +114	+150 +114	+171 +114	+203 +114	+226 +208	+233 +208	+244 +208	+265 +208	+297 +208	+293 +268
+131 +68	+165 +68	+146 +126	+153 +126	+166 +126	+189 +126	+223 +126	+252 +232	+259 +232	+272 +232	+295 +232	+329 +232	+319 +294
		+152 +132	+159 +132	+172 +132	+195 +132	+229 +132	+272 +252	+272 +232	+292 +252	+315 +252	+349 +252	+357 +330
												+387 +360

公称尺寸 mm		公差带										
		t			u				v			
		公差等级										
大于	至	6	7	8	5	6	7	8	5	6	7	8
—	3	—	—	—	+22 +18	+24 +18	+28 +18	+32 +18	—	—	—	—
3	6	—	—	—	+28 +23	+31 +23	+35 +23	+41 +23	—	—	—	—
6	10	—	—	—	+34 +28	+37 +28	+43 +28	+50 +28	—	—	—	—
10	14	—	—	—	+41 +33	+44 +33	+51 +33	+60 +33	—	—	—	—
14	18	—	—	—					+47 +39	+50 +39	+57 +39	+66 +39
18	24	—	—	—	+50 +41	+54 +41	+62 +41	+74 +41	+56 +47	+60 +47	+68 +47	+80 +47
24	30	+54 +41	+62 +41	+74 +41	+57 +48	+61 +48	+69 +48	+81 +48	+64 +55	+68 +55	+76 +55	+88 +55
30	40	+64 +48	+73 +48	+87 +48	+71 +60	+76 +60	+85 +60	+99 +60	+79 +68	+84 +68	+93 +68	+107 +68
40	50	+70 +54	+79 +54	+93 +54	+81 +70	+86 +70	+95 +70	+109 +70	+92 +81	+97 +81	+106 +81	+120 +81
50	65	+85 +66	+96 +66	+112 +66	+100 +87	+106 +87	+117 +87	+133 +87	+115 +102	+121 +102	+132 +102	+148 +102
65	80	+94 +75	+105 +75	+121 +75	+115 +102	+132 +102	+148 +102	+133 +120	+139 +120	+139 +120	+150 +120	+166 +120
80	100	+113 +91	+126 +91	+145 +91	+139 +124	+146 +124	+159 +124	+178 +124	+161 +146	+168 +146	+181 +146	+200 +146
100	120	+126 +104	+139 +104	+158 +104	+159 +144	+166 +144	+179 +144	+198 +144	+187 +172	+194 +172	+207 +172	+226 +172
120	140	+147 +122	+162 +122	+185 +122	+188 +170	+195 +170	+210 +170	+233 +170	+220 +202	+227 +202	+242 +202	+265 +202
140	160	+159 +134	+174 +134	+197 +134	+208 +190	+215 +190	+230 +190	+253 +190	+246 +228	+253 +228	+268 +228	+291 +228
160	180	+171 +146	+186 +146	+209 +146	+228 +210	+235 +210	+250 +210	+273 +210	+270 +252	+277 +252	+292 +252	+315 +252
180	200	+195 +166	+212 +166	+238 +166	+256 +236	+265 +236	+282 +236	+308 +236	+304 +284	+313 +284	+330 +284	+356 +284
200	225	+209 +180	+226 +180	+252 +180	+278 +258	+287 +258	+304 +258	+330 +258	+330 +310	+339 +310	+356 +310	+382 +310
225	250	+225 +196	+242 +196	+268 +196	+304 +284	+313 +284	+330 +284	+356 +284	+360 +340	+369 +340	+386 +340	+412 +340
250	280	+250 +218	+270 +218	+299 +218	+338 +315	+347 +315	+367 +315	+396 +315	+408 +385	+417 +385	+437 +385	+466 +385
280	315	+272 +240	+292 +240	+321 +240	+373 +350	+382 +350	+402 +350	+431 +350	+448 +425	+457 +425	+477 +425	+506 +425
315	355	+304 +268	+325 +268	+357 +268	+415 +390	+426 +390	+447 +390	+479 +390	+500 +475	+511 +475	+532 +475	+564 +475
355	400	+330 +294	+351 +294	+383 +294	+460 +435	+471 +435	+492 +435	+524 +435	+555 +530	+566 +530	+287 +530	+619 +530
400	450	+370 +330	+393 +330	+427 +330	+571 +490	+530 +490	+553 +490	+587 +490	+622 +595	+635 +595	+658 +595	+692 +595
450	500	+400 +360	+423 +360	+457 +360	+567 +540	+580 +540	+603 +540	+637 +540	+687 +660	+700 +660	+723 +660	+757 +660

续表

公差带											
x				y				z			
公差等级											
5	6	7	8	5	6	7	8	5	6	7	8
+24 +20	+26 +20	+30 +20	+34 +20	—	—	—	—	+30 +26	+32 +26	+36 +26	+40 +26
+33 +28	+36 +28	+40 +28	+46 +28	—	—	—	—	+40 +35	+43 +35	+47 +35	+53 +35
+40 +34	+43 +34	+49 +34	+56 +34	—	—	—	—	+48 +42	+51 +42	+57 +42	+64 +42
+48 +40	+51 +40	+58 +40	+67 +40	—	—	—	—	+58 +50	+61 +50	+68 +50	+77 +50
+53 +45	+56 +45	+63 +45	+72 +45	—	—	—	—	+68 +60	+71 +60	+78 +60	+87 +60
+63 +54	+67 +54	+75 +54	+87 +54	+72 +63	+76 +63	+84 +63	+96 +63	+82 +73	+86 +73	+94 +73	+106 +73
+73 +64	+77 +64	+85 +64	+97 +64	+84 +75	+88 +75	+96 +75	+108 +75	+97 +88	+101 +88	+109 +88	+121 +88
+91 +80	+96 +80	+105 +80	+119 +80	+105 +94	+110 +94	+119 +94	+133 +94	+123 +112	+128 +112	+137 +112	+151 +112
+108 +97	+113 +97	+122 +97	+136 +97	+125 +114	+130 +114	+139 +114	+153 +114	+147 +136	+152 +136	+161 +136	+175 +136
+135 +122	+141 +122	+152 +122	+168 +122	+157 +144	+163 +144	+174 +144	+190 +144	+185 +172	+191 +172	+202 +172	+218 +172
+159 +146	+165 +146	+176 +146	+192 +146	+187 +174	+193 +174	+204 +174	+220 +174	+223 +210	+229 +210	+240 +210	+256 +210
+193 +178	+200 +178	+213 +178	+232 +178	+229 +214	+236 +214	+249 +214	+268 +214	+273 +258	+280 +258	+293 +258	+312 +258
+225 +210	+232 +210	+245 +210	+264 +210	+269 +254	+276 +254	+289 +254	+308 +254	+325 +310	+332 +310	+345 +310	+364 +310
+266 +248	+273 +248	+288 +248	+311 +248	+318 +300	+325 +300	+340 +300	+368 +300	+383 +365	+390 +365	+405 +365	+428 +365
+298 +280	+305 +280	+320 +280	+343 +280	+358 +340	+365 +340	+380 +340	+403 +340	+433 +415	+440 +415	+455 +415	+487 +415
+328 +310	+335 +310	+350 +310	+373 +310	+398 +380	+405 +380	+420 +380	+443 +380	+483 +465	+490 +465	+505 +465	+528 +465
+370 +350	+379 +350	+396 +350	+422 +350	+445 +425	+454 +425	+471 +425	+497 +425	+540 +520	+549<(br>+520	+566 +520	+592 +520
+405 +385	+414 +385	+431 +385	+457 +385	+490 +470	+499 +470	+516 +470	+542 +470	+595 +575	+604 +575	+621 +575	+647 +575
+445 +425	+454 +425	+471 +425	+497 +425	+540 +520	+549 +520	+566 +520	+592 +520	+660 +640	+669 +640	+686 +640	+712 +640
+498 +475	+507 +475	+527 +475	+556 +475	+603 +580	+612 +580	+632 +580	+661 +580	+733 +710	+742 +710	+762 +710	+791 +710
+548 +525	+557 +525	+577 +525	+606 +525	+673 +650	+682 +650	+702 +650	+731 +650	+813 +790	+822 +790	+842 +790	+871 +790
+616 +590	+626 +590	+647 +590	+679 +590	+755 +730	+766 +730	+787 +730	+819 +730	+925 +900	+936 +900	+975 +900	+989 +900
+685 +660	+696 +660	+717 +660	+749 +660	+845 +820	+856 +820	+877 +820	+909 +820	+1 025 +1 000	+1 036 +1 000	+1 057 +1 000	+1 089 +1 000
+767 +740	+780 +740	+803 +740	+873 +740	+947 +920	+960 +920	+983 +920	+1 017 +920	+1 127 +1 100	+1 140 +1 100	+1 163 +1 100	+1 197 +1 100
+874 +820	+860 +820	+833 +820	+917 +820	+1 027 +1 000	+1 040 +1 000	+1 063 +1 000	+1 097 +1 000	+1 277 +1 250	+1 290 +1 250	+1 313 +1 250	+1 347 +1 250

注：公称尺寸小于 1 mm 时，各级的 a 和 b 均不采用。

附表四 孔的极限偏差表

公称尺寸 mm		公差带											
		A				B				C			
		公差等级											
大于	至	9	10	11	12	9	10	11	12	8	9	10	11	12
—	3	+295 +270	+310 +270	+330 +270	+370 +270	+168 +140	+180 +140	+200 +140	+240 +140	+74 +60	+85 +60	+100 +60	+120 +60	+160 +60
3	6	+300 +270	+318 +270	+345 +270	+390 +270	+170 +140	+188 +140	+215 +140	+260 +140	+88 +70	+100 +70	+118 +70	+145 +70	+190 +70
6	10	+316 +280	+338 +280	+370 +280	+430 +280	+186 +150	+208 +150	+240 +150	+300 +150	+102 +80	+116 +80	+138 +80	+170 +80	+230 +80
10	14	+333 +290	+360 +290	+400 +290	+470 +290	+193 +150	+220 +150	+260 +150	+330 +150	+122 +95	+138 +95	+165 +95	+205 +95	+275 +95
14	18													
18	24	+352 +300	+384 +300	+430 +300	+510 +300	+212 +160	+244 +160	+290 +160	+370 +160	+143 +110	+162 +110	+194 +110	+240 +110	+320 +110
24	30													
30	40	+372 +310	+410 +310	+470 +310	+560 +310	+232 +170	+270 +170	+330 +170	+420 +170	+159 +120	+182 +120	+220 +120	+280 +120	+370 +120
40	50	+382 +320	+420 +320	+480 +320	+570 +320	+424 +180	+280 +180	+340 +180	+430 +180	+169 +130	+192 +130	+230 +130	+290 +130	+380 +130
50	65	+414 +340	+460 +340	+530 +340	+640 +340	+264 +190	+310 +190	+380 +190	+490 +190	+186 +140	+214 +140	+260 +140	+330 +140	+440 +140
65	80	+434 +360	+480 +360	+550 +360	+660 +360	+274 +200	+320 +200	+390 +200	+500 +200	+196 +150	+224 +150	+270 +150	+340 +150	+450 +150
80	100	+467 +380	+520 +380	+600 +380	+730 +380	+307 +220	+360 +220	+440 +220	+570 +220	+224 +170	+257 +170	+310 +170	+390 +170	+520 +170
100	120	+497 +410	+550 +410	+630 +410	+760 +410	+327 +240	+380 +240	+460 +240	+590 +240	+234 +180	+267 +180	+320 +180	+400 +180	+530 +180
120	140	+560 +460	+620 +460	+710 +460	+860 +460	+360 +260	+420 +260	+510 +260	+660 +260	+263 +200	+300 +200	+360 +200	+450 +200	+600 +200
140	160	+620 +520	+770 +520	+920 +520	+380 +280	+440 +280	+530 +280	+680 +280	+680 +280	+273 +210	+310 +210	+370 +210	+460 +210	+610 +210
160	180	+680 +580	+740 +580	+830 +580	+980 +580	+410 +310	+470 +310	+560 +310	+710 +310	+293 +230	+330 +230	+390 +230	+480 +230	+630 +230
180	200	+775 +660	+845 +660	+950 +660	+1 120 +660	+455 +340	+525 +340	+630 +340	+800 +340	+312 +240	+355 +240	+425 +240	+530 +240	+700 +240
200	225	+855 +740	+925 +740	+1 030 +740	+1 200 +740	+495 +380	+565 +380	+670 +380	+840 +380	+332 +260	+375 +260	+445 +260	+550 +260	+720 +260
225	250	+935 +820	+1 005 +820	+1 110 +820	+1 280 +820	+535 +420	+605 +420	+710 +420	+880 +420	+352 +280	+395 +280	+465 +280	+570 +280	+740 +280
250	280	+1 050 +920	+1 130 +920	+1 240 +920	+1 140 +920	+610 +480	+690 +480	+800 +480	+1 000 +480	+381 +300	+430 +300	+510 +300	+620 +300	+820 +300
280	315	+1 180 +1 050	+1 260 +1 050	+1 370 +1 050	+1 570 +1 050	+670 +540	+750 +540	+860 +540	+1 060 +540	+411 +330	+460 +330	+540 +330	+650 +330	+850 +330
315	355	+1 340 +1 200	+1 430 +1 200	+1 560 +1 200	+1 770 +1 200	+740 +600	+830 +600	+960 +600	+1 170 +600	+449 +360	+500 +360	+590 +360	+720 +360	+930 +360
355	400	+1 490 +1 350	+1 580 +1 350	+1 710 +1 350	+1 920 +1 350	+820 +680	+910 +680	+1 040 +680	+1 250 +680	+489 +400	+540 +400	+630 +400	+760 +400	+970 +400
400	450	+1 655 +1 500	+1 750 +1 500	+1 900 +1 500	+2 130 +1 500	+2 130 +760	+915 +760	+1 010 +760	+1 160 +760	+537 +440	+595 +440	+690 +440	+840 +440	+1 070 +440
450	500	+1 805 +1 650	+1 900 +1 650	+2 050 +1 650	+2 280 +1 650	+995 +840	+1 090 +840	+1 240 +840	+1 470 +840	+577 +480	+635 +480	+730 +480	+880 +480	+1 110 +480

附 表

μm

公差带												
D					E				F		
公差等级											
7	8	9	10	11	7	8	9	10	6	7	8	9
+30 +20	+34 +20	+45 +20	+60 +20	+80 +20	+24 +14	+28 +14	+39 +14	+54 +14	+12 +6	+16 +6	+20 +6	+31 +6
+42 +30	+48 +30	+60 +30	+78 +30	+105 +30	+32 +20	+38 +20	+50 +20	+68 +20	+18 +10	+22 +10	+28 +10	+40 +10
+55 +40	+62 +40	+76 +40	+98 +40	+130 +40	+40 +25	+47 +25	+61 +25	+83 +25	+22 +13	+28 +13	+35 +13	+49 +13
+68 +50	+77 +50	+93 +50	+120 +50	+160 +50	+50 +32	+59 +32	+75 +32	+102 +32	+27 +16	+34 +16	+43 +16	+59 +16
+86 +65	+98 +65	+117 +65	+149 +65	+195 +65	+61 +40	+73 +40	+92 +40	+124 +40	+33 +20	+41 +20	+53 +20	+72 +20
+105 +80	+119 +80	+142 +80	+180 +80	+240 +80	+75 +50	+89 +50	+112 +50	+150 +50	+41 +25	+50 +25	+64 +25	+87 +25
+130 +100	+146 +100	+174 +100	+220 +100	+290 +100	+90 +60	+106 +60	+134 +60	+180 +60	+49 +30	+60 +30	+76 +30	+104 +30
+155 +120	+174 +120	+207 +120	+260 +120	+340 +120	+107 +72	+126 +72	+159 +72	+212 +72	+58 +36	+71 +36	+90 +36	+123 +36
+185 +145	+208 +145	+245 +145	+305 +145	+395 +145	+125 +85	+148 +85	+185 +85	+245 +85	+68 +43	+83 +43	+106 +43	+143 +43
+216 +170	+242 +170	+285 +170	+355 +170	+460 +170	+146 +100	+172 +100	+215 +100	+285 +100	+79 +50	+96 +50	+122 +50	+165 +50
+242 +190	+271 +190	+320 +190	+400 +190	+510 +190	+162 +110	+191 +110	+240 +110	+320 +110	+88 +56	+108 +56	+137 +56	+186 +56
+267 +210	+299 +210	+350 +210	+440 +210	+570 +210	+182 +125	+214 +125	+265 +125	+355 +125	+98 +62	+119 +62	+151 +62	+202 +62
+293 +230	+327 +230	+385 +230	+480 +230	+630 +230	+198 +135	+232 +135	+290 +135	+385 +135	+108 +68	+131 +68	+165 +68	+223 +68

公称尺寸 mm		公差带											
		G				H							
		公差等级											
大于	至	5	6	7	8	1	2	3	4	5	6	7	8	9
—	3	+6 +2	+8 +2	+12 +2	+16 +2	+0.8 0	+1.2 0	+2 0	+3 0	+4 0	+6 0	+10 0	+14 0	+25 0
3	6	+9 +4	+12 +4	+16 +4	+22 +4	+1 0	+1.5 0	+2.5 0	+4 0	+5 0	+8 0	+12 0	+18 0	+30 0
6	10	+11 +5	+14 +5	+20 +5	+27 +5	+1 0	+1.5 0	+2.5 0	+4 0	+6 0	+9 0	+15 0	+22 0	+36 0
10	14	+14 +6	+17 +6	+24 +6	+33 +6	+1.2 0	+2 0	+3 0	+5 0	+8 0	+11 0	+18 0	+27 0	+43 0
14	18													
18	24	+16 +7	+20 +7	+28 +7	+40 +7	+1.5 0	+2.5 0	+4 0	+6 0	+9 0	+13 0	+21 0	+33 0	+52 0
24	30													
30	40	+20 +9	+25 +9	+34 +9	+48 +9	+1.5 0	+2.5 0	+4 0	+7 0	+11 0	+16 0	+25 0	+39 0	+62 0
40	50													
50	65	+23 +10	+29 +10	+40 +10	+56 +10	+2 0	+3 0	+5 0	+8 0	+13 0	+19 0	+30 0	+46 0	+74 0
65	80													
80	100	+27 +12	+34 +12	+47 +12	+66 +12	+2.5 0	+4 0	+6 0	+10 0	+15 0	+22 0	+35 0	+54 0	+87 0
100	120													
120	140	+32 +14	+39 +14	+54 +14	+77 +14	+3.5 0	+5 0	+8 0	+12 0	+18 0	+25 0	+40 0	+63 0	+100 0
140	160													
160	180													
180	200	+35 +15	+44 +15	+61 +15	+87 +15	+4.5 0	+7 0	+10 0	+14 0	+20 0	+29 0	+46 0	+72 0	+115 0
200	225													
225	250													
250	280	+40 +17	+49 +17	+69 +17	+98 +17	+6 0	+8 0	+12 0	+16 0	+23 0	+32 0	+52 0	+81 0	+130 0
280	315													
315	355	+43 +18	+54 +18	+75 +18	+107 +18	+7 0	+9 0	+13 0	+18 0	+25 0	+36 0	+57 0	+89 0	+140 0
335	400													
400	450	+47 +20	+62 +20	+83 +20	+117 +20	+8 0	+10 0	+15 0	+20 0	+27 0	+40 0	+63 0	+97 0	+155 0
450	500													

续表

公差带												
H				J			JS					
公差等级												
10	11	12	13	6	7	8	1	2	3	4	5	6
+40 0	+60 0	+100 0	+140 0	+2 −4	+4 −6	+6 −8	±0.4	±0.6	±1	±1.5	±2	±3
+48 0	+75 0	+120 0	+180 0	+5 −3	—	+10 −8	±0.5	±0.75	±1.25	±2	±2.5	±4
+58 0	+90 0	+150 0	+220 0	+5 −4	+8 −7	+12 −10	±0.5	±0.75	±1.25	±2	±3	±4.5
+70 0	+110 0	+180 0	+270 0	+6 −5	+10 −8	+15 −12	±0.6	±1	±1.5	±2.5	±4	±5.5
+84 0	+130 0	+210 0	+330 0	+8 −5	+12 −9	+20 −13	±0.75	±1.25	±2	±3	±4.5	±6.5
+100 0	+160 0	+250 0	+390 0	+10 −6	+14 −11	+24 −15	±0.75	±1.25	±2	±3.5	±5.5	±8
+120 0	+90 0	+300 0	+460 0	+13 −6	+18 −12	+28 −18	±1	±1.5	±2.5	±4	±6.5	±9.5
+140 0	+220 0	+350 0	+540 0	+16 −6	+22 −13	+34 −20	±1.25	±2	±3	±5	±7.5	±11
+160 0	+250 0	+400 0	+630 0	+18 −7	+26 −14	+41 −22	±1.75	±2.5	±4	±6	±9	±12.5
+185 0	+290 0	+460 0	+720 0	+22 −7	+30 −16	+47 −25	±2.25	±3.5	±5	±7	±10	±14.5
+210 0	+320 0	+520 0	+810 0	+25 −7	+36 −16	+55 −26	±3	±4	±6	±8	±11.5	±16
+230 0	+360 0	+570 0	+890 0	+29 −7	+39 −18	+60 −29	±3.5	±4.5	±6.5	±9	±12.5	±18
+250 0	+400 0	+630 0	+970 0	+33 −7	+43 −20	+66 −31	±4	±5	±7.5	±10	±13.5	±20

公称尺寸 mm		公差带											
		JS							K				M
		公差等级											
大于	至	7	8	9	10	11	12	13	4	5	6	7	8	4
—	3	±5	±7	±12	±20	±30	±50	±70	0 −3	0 −4	0 −6	0 −10	0 −14	−2 −5
3	6	±6	±9	±15	±24	±37	±60	±90	+0.5 −3.5	0 −5	+2 −6	+3 −9	+5 −13	−2.5 −6.5
6	10	±7	±11	±18	±29	±45	±75	±110	+0.5 −3.5	+1 −5	+2 −7	+5 −10	+6 −16	−4.5 −8.5
10	14	±9	±13	±21	±35	±55	±90	±135	+1 −4	+2 −6	+2 −9	+6 −12	+8 −19	−5 −10
14	18													
18	24	±10	±16	±26	±42	±65	±105	±165	0 −6	+1 −8	+2 −11	+6 −15	+10 −23	−6 −12
24	30													
30	40	±12	±19	±31	±50	±80	±125	±195	+1 −6	+2 −9	+3 −13	+7 −18	+12 −27	−6 −13
40	50													
50	65	±15	±23	±37	±60	±95	±150	±230	+1 −7	+3 −10	+4 −15	+9 −21	+14 −32	−8 −16
65	80													
80	100	±17	±27	±43	±70	±110	±175	±270	+1 −9	+2 −13	+4 −18	+10 −25	+16 −38	−9 −19
100	120													
120	140	±20	±31	±50	±80	±125	±200	±315	+1 −11	+3 −15	+4 −21	+12 −28	+20 −43	−11 −23
140	160													
160	180													
180	200	±23	±36	±57	±92	±145	±230	±360	0 −14	+2 −18	+5 −24	+13 −33	+22 −50	−13 −27
200	225													
225	250													
250	280	±26	±40	±65	±105	±160	±260	±405	0 −16	+3 −20	+5 −27	+16 −36	+25 −56	−16 −32
280	315													
315	355	±28	±44	±70	±115	±180	±285	±445	+1 −17	+3 −22	+7 −29	+17 −40	+28 −61	−16 −34
335	400													
400	450	±31	±48	±77	±125	±200	±315	±485	0 −20	+2 −25	+8 −32	+18 −45	+29 −68	−18 −38
450	500													

续表

公差带												
M				N					P			
公差等级												
5	6	7	8	5	6	7	8	9	5	6	7	8
−2 −6	−2 −8	−2 −12	−2 −16	−4 −8	−4 −10	−4 −14	−4 −18	−4 −29	−6 −10	−6 −12	−6 −16	−6 −20
−3 −8	−1 −9	0 −12	+2 −16	−7 −12	−5 −13	−4 −16	−2 −20	0 −30	−11 −16	−9 −17	−8 −20	−12 −30
−4 −10	−3 −12	0 −15	+1 −21	−8 −14	−7 −16	−4 −19	−3 −25	0 −36	−13 −19	−12 −21	−9 −24	−15 −37
−4 −12	−4 −15	0 −18	+2 −25	−9 −17	−9 −20	−5 −23	−3 −30	0 −43	−15 −23	−15 −26	−11 −29	−18 −45
−5 −14	−4 −17	0 −21	4 −29	−12 −21	−11 −24	−7 −28	−3 −36	0 −52	−19 −28	−18 −31	−14 −35	−22 −55
−5 −16	−4 −20	0 −25	+5 −34	−13 −24	−12 −28	−8 −33	−3 −42	−0 −62	−22 −33	−21 −37	−17 −42	−26 −65
−6 −19	−5 −24	0 −30	+5 +41	−15 −28	−14 −33	−9 −39	−4 −50	0 −74	−27 −40	−26 −45	−21 −51	−32 −78
−8 −23	−6 −28	0 −35	+6 −48	−18 −33	−16 −38	−10 −45	−4 −58	0 −87	−32 −47	−30 −52	−24 −59	−37 −91
−9 −27	−8 −33	0 −40	+8 −55	−21 −39	−20 −45	−12 −52	−4 −67	0 −100	−37 −55	−36 −61	−28 −68	−43 −106
−11 −31	−8 −37	0 −46	+9 −63	−25 −45	−22 −51	−14 −60	−5 −77	0 −115	−44 −64	−41 −70	−33 −79	−50 −122
−13 −36	−9 −41	0 −52	+9 −72	−27 −50	−25 −57	−14 −66	−5 −86	0 −130	−49 −72	−47 −79	−36 −88	−56 −137
−14 −39	−10 −46	0 −57	+11 −78	−30 −55	−26 −62	−16 −73	−5 94	0 −140	−55 −80	−51 87	−41 −98	−62 −151
−16 −43	−10 −50	0 −63	+11 −86	−33 −60	−27 −67	−17 −80	−6 −103	0 −155	−61 −88	−55 −95	−45 −108	−68 −165

公称尺寸 mm		公差带											
		P	R			S				T			U
		公差等级											
大于	至	9	5	6	7	8	5	6	7	8	6	7	8	6
—	3	−6 −31	−10 −14	−10 −16	−10 −20	−10 −24	−14 −18	−14 −20	−14 −24	−14 −28	—	—	—	−18 −24
3	6	−12 −42	−14 −19	−12 −20	−11 −23	−15 −33	−18 −23	−16 −24	−15 −27	−19 −37	—	—	—	−20 −28
6	10	−15 −51	−17 −23	−16 −25	−13 −28	−19 −41	−21 −27	−20 −29	−17 −32	−23 −45	—	—	—	−25 −34
10	14	−18 −61	−20 −28	−20 −31	−16 −34	−23 −50	−25 −33	−25 −36	−21 −39	−28 −55	—	—	—	−30 −41
14	18													
18	24	−22 −74	−25 −34	−24 −37	−20 −41	−28 −61	−32 −41	−31 −44	−27 −48	−35 −68	—	—	—	−37 −50
24	30										−37 −50	−33 −54	−41 −74	−44 −57
30	40	−26 −88	−30 −41	−29 −45	−25 −50	−34 −73	−39 −50	−38 −54	−34 −59	−43 −82	−43 −59	−39 −64	−48 −87	−55 −71
40	50										−49 −65	−45 −70	−54 −93	−65 −81
50	65	−32 −108	−36 −49	−35 −54	−30 −60	−41 −87	−48 −61	−47 −66	−42 −72	−53 −99	−60 −79	−55 −85	−66 −112	−81 −100
65	80		−38 −51	−37 −56	−32 −62	−43 −89	−54 −67	−53 −72	−48 −78	−59 −105	−69 −88	−64 −94	−75 −121	−96 −115
80	100	−37 −124	−46 −61	−44 −66	−38 −73	−51 −105	−66 −81	−64 −86	−58 −93	−71 −125	−84 −106	−78 −113	−91 −145	−117 −139
100	120		−49 −64	−47 −69	−41 −76	−54 −108	−74 −89	−72 −94	−66 −101	−79 −133	−97 −119	−91 −126	−104 −158	−137 −159
120	140	−43 −143	−57 −75	−56 −81	−48 −88	−63 −126	−86 −104	−85 −110	−77 −117	−92 −155	−115 −140	−107 −147	−122 −185	−163 −188
140	160		−59 −77	−58 −83	−50 −90	−65 −128	−94 −112	−93 −118	−85 −125	−100 −163	−127 −152	−119 −159	−134 −197	−183 −208
160	180		−62 −80	−61 −83	−53 −93	−68 −131	−102 −120	−101 −126	−93 −133	−108 −171	−139 −164	−131 −171	−146 −209	−203 −228
180	200	−50 −165	−71 −91	−68 −97	−60 −106	−77 −149	−116 −136	−113 −142	−105 −151	−122 −194	−157 −186	−149 −195	−166 −238	−227 −256
200	225		−74 −94	−71 −100	−63 −109	−80 −152	−124 −144	−121 −150	−113 −159	−130 −202	−171 −200	−163 −209	−180 −252	−249 −278
225	250		−78 −98	−75 −104	−67 −113	−84 −156	−134 −154	−131 −160	−123 −169	−140 −212	−187 −216	−179 −225	−196 −268	−275 −304
250	280	−37 −124	−87 −110	−85 −117	−74 −126	−94 −175	−151 −174	−149 −181	−138 −190	−158 −239	−209 −241	−198 −250	−218 −299	−306 −338
280	315		−91 −114	−89 −121	−78 −130	−98 −179	−163 −186	−161 −193	−150 −202	−170 −251	−231 −263	−220 −272	−240 −321	−341 −373
315	355	−37 −124	−101 −126	−97 −133	−87 −144	−108 −197	−183 −208	−179 −215	−169 −226	−190 −279	−257 −293	−247 −304	−268 −357	−379 −415
335	400		−107 −132	−103 −139	−93 −150	−114 −203	−201 −226	−197 −233	−187 −244	−208 −297	−283 −319	−273 −330	−294 −383	−424 −460
400	450	−68 −223	−119 −146	−113 −153	−103 −166	−126 −223	−225 −252	−219 −259	−209 −272	−232 −329	−317 −357	−307 −370	−330 −427	−477 −517
450	500		−125 −152	−119 −159	−109 −172	−132 −229	−245 −272	−239 −279	−229 −292	−252 −349	−347 −387	−337 −400	−360 −457	−527 −567

续表

公差带													
U		V			X			Y			Z		
公差等级													
7	8	6	7	8	6	7	8	6	7	8	6	7	8
−18 −28	−18 −32	—	—	—	−20 −60	−20 −30	−20 −34	—	—	—	−26 −32	−26 −36	−26 −40
−19 −31	−23 −41	—	—	—	−25 −33	−24 −36	−28 −46	—	—	—	−32 −40	−31 −43	−35 −53
−22 −37	−28 −50				−31 −40	−28 −43	−34 −56				−39 −48	−36 −51	−42 −64
−26 −44	−33 −60				−37 −48	−33 −51	−40 −67				−47 −58	−43 −61	−50 −77
		−36 −47	−32 −50	−39 −66	−42 −53	−38 −56	−45 −72				−57 −68	−53 −71	−60 −87
−33 −54	−41 −74	−43 −56	−39 −60	−47 −80	−50 −63	−46 −67	−54 −87	−59 −72	−55 −76	−63 −96	−69 −82	−65 −86	−73 −106
−40 −61	−48 −81	−51 −64	−47 −68	−55 −88	−60 −73	−56 −77	−64 −97	−71 −84	−67 −88	−75 −108	−84 −97	−80 −101	−88 −121
−51 −76	−60 −99	−63 −79	−59 −84	−68 −107	−75 −91	−71 −96	−80 −119	−89 −105	−85 −110	−94 −133	−107 −123	−103 −128	−112 −151
−61 −86	−70 −109	−76 −92	−72 −97	−81 −120	−92 −108	−88 −113	−97 −136	−109 −125	−105 −130	−114 −153	−131 −147	−127 −152	−136 −175
−76 −106	−87 −133	−96 −115	−91 −121	−102 −148	−116 −135	−111 −141	−122 −168	−138 −157	−133 −163	−144 −190	−166 −185	−161 −191	−172 −218
−91 −121	−102 −148	−114 −133	−109 −139	−120 −166	−140 −159	−135 −165	−146 −192	−168 −187	−163 −193	−174 −220	−204 −223	−199 −229	−210 −256
−111 −146	−124 −178	−139 −161	−133 −168	−146 −200	−171 −193	−165 −200	−178 −232	−207 −229	−201 −236	−214 −268	−251 −273	−245 −280	−258 −312
−131 −166	−144 −198	−168 −187	−159 −194	−172 −226	−203 −225	−197 −232	−210 −264	−247 −269	−241 −276	−254 −308	−303 −325	−297 −332	−310 −364
−155 −195	−170 −233	−195 −220	−187 −227	−202 −265	−241 −266	−233 −273	−248 −311	−293 −318	−285 −325	−300 −363	−358 −383	−350 −390	−365 −428
−175 −215	−190 −253	−221 −246	−213 −253	−228 −291	−273 −298	−265 −305	−280 −343	−333 −358	−325 −365	−340 −403	−408 −433	−400 −440	−415 −478
−195 −235	−210 −273	−245 −270	−237 −277	−252 −315	−303 −328	−295 −335	−310 −373	−373 −398	−365 −405	−380 −443	−458 −483	−450 −490	−465 −528
−219 −265	−236 −308	−275 −304	−267 −313	−284 −356	−341 −370	−333 −379	−350 −422	−416 −445	−408 −454	−425 −497	−511 −540	−503 −549	−520 −592
−241 −287	−258 −330	−301 −330	−293 −339	−310 −382	−376 −405	−368 −414	−385 −457	−461 −490	−453 −499	−470 −542	−566 −595	−558 −604	−575 −647
−267 −313	−284 −356	−313 −360	−323 −369	−340 −412	−416 −445	−408 −454	−425 −497	−511 −540	−503 −549	−520 −592	−631 −660	−623 −669	−640 −712
−295 −347	−315 −396	−376 −408	−365 −417	−385 −466	−466 −498	−455 −507	−475 −556	−571 −603	−560 −612	−580 −661	−701 −733	−690 −742	−710 −791
−330 −382	−350 −431	−416 −448	−405 −457	−425 −506	−516 −548	−505 −557	−525 −606	−641 −673	−630 −682	−650 −731	−781 −813	−770 −822	−790 −871
−369 −426	−390 −479	−464 −500	−454 −511	−475 −564	−579 −615	−560 −626	−590 −679	−719 −755	−709 −766	−730 −819	−889 −925	−879 −936	−900 −989
−414 −471	−435 −524	−519 −555	−509 −566	−530 −619	−649 −685	−639 −696	−660 −749	−809 −845	−799 −856	−820 −909	−989 −1025	−979 −1036	−1000 −1089
−467 −530	−490 −587	−582 −622	−572 −635	−595 −692	−727 −767	−717 −780	−740 −837	−907 −947	−897 −969	−920 −1017	−1087 −1127	−1077 −1140	−1100 −1197
−517 −580	−540 −637	−647 −687	−637 −700	−660 −757	−807 −847	−797 −860	−820 −917	−987 −1027	−997 −1040	−1000 −1097	−1237 −1277	−1227 −1290	−1250 −1347

注：公称尺寸小于1 mm时，各级的A和B均不采用。当公称尺寸大于250至315mm时，M6的ES等于−9（不等于−11）。公称尺寸小于1mm时，大于IT8的N不采用。

参考文献

[1] 中华人民共和国国家质量监督检验检疫总局,中国国家标准化管理委员会.GB/T 1800.1—2009 产品几何技术规范(GPS)极限与配合 第1部分:公差、偏差和配合的基础[S].北京:中国标准出版社,2009.

[2] 中华人民共和国国家质量监督检验检疫总局,中国国家标准化管理委员会.GB/T 1800.2—2009 产品几何技术规范(GPS)极限与配合 第2部分:标准公差等级和孔、轴极限偏差表[S].北京:中国标准出版社,2009.

[3] 中华人民共和国国家质量监督检验检疫总局,中国国家标准化管理委员会.GB/T 1801—2009 产品几何技术规范(GPS)极限与配合 公差带和配合的选择[S].北京:中国标准出版社,2009.

[4] 中华人民共和国国家质量监督检验检疫总局.GB/T 1804—2000 一般公差 未注公差的线性和角度尺寸的公差[S].北京:中国标准出版社,2000.

[5] 中华人民共和国国家质量监督检验检疫总局,中国国家标准化管理委员会.GB/T 1182—2008 产品几何技术规范(GPS)几何公差 形状、方向、位置和跳动公差标注[S].北京:中国标准出版社,2008.

[6] 国家技术监督局.GB/T 1184—1996 形状和位置公差 未注公差值[S].北京:中国标准出版社,1996.

[7] 中华人民共和国国家质量监督检验检疫总局,中国国家标准化管理委员会.GB/T 16671—2009 产品几何技术规范(GPS)几何公差 最大实体要求、最小实体要求和可逆要求[S].北京:中国标准出版社,2009.

[8] 中华人民共和国国家质量监督检验检疫总局,中国国家标准化管理委员会.GB/T 4249—2009 产品几何技术规范(GPS)公差原则[S].北京:中国标准出版社,2009.

[9] 中华人民共和国国家质量监督检验检疫总局,中国国家标准化管理委员会.GB/T 1031—2009 产品几何技术规范(GPS)表面粗糙度 参数及其数值[S].北京:中国标准出版社,2009.

[10] 中华人民共和国国家质量监督检验检疫总局,中国国家标准化管理委员会.GB/T 131—2006 产品几何技术规范(GPS)技术产品文件中表面结构的表示方法[S].北京:中国标准出版社,2007.

[11] 中华人民共和国国家质量监督检验检疫总局,中国国家标准化管理委员会.GB/T 10610—2009 产品几何技术规范(GPS)表面结构 轮廓法 评定表面结构的规则和方法[S].北京:中国标准出版社,2009.

[12] 中华人民共和国国家质量监督检验检疫总局,中国国家标准化管理委员会.GB/T 3177—2009 产品几何技术规范(GPS)光滑工件的尺寸检验[S].北京:中国标准出版社,2009.

[13] 中华人民共和国国家质量监督检验检疫总局,中国国家标准化管理委员会.GB/T 1957—2006 光滑极限量规[S].北京:中国标准出版社,2006.

[14] 胡凤兰.互换性与技术测量[M].北京:高等教育出版社,2004.

[15] 曹同坤.互换性与技术测量基础[M].北京:国防工业出版社,2015.

[16] 杨昌义.极限配合与技术测量基础[M].北京:中国劳动社会保障出版社,2007.

[17] 宋文革.极限配合与技术测量基础[M].北京:中国劳动社会保障出版社,2011.

[18] 何兆凤.公差与配合[M].北京:机械工业出版社,2012.

[19] 徐茂功.公差配合与技术测量[M].北京:机械工业出版社,2013.

[20] 任嘉卉,王永尧,刘念荫.实用公差与配合技术手册[M].北京:机械工业出版社,2014

[21] 程益良.机械加工实习[M].北京:机械工业出版社,2000.

[22] 成大先.机械设计手册[M].5版.北京:化学工业出版社,2007.

[23] 李坤淑.公差配合与测量技术[M].北京:机械工业出版社,2016.

[24] 唐代滨.公差配合与实用测量技术[M].北京:机械工业出版社,2012.

[25] 黄云清.公差配合与测量技术[M].北京:机械工业出版社,2016.

[26] 沈学勤.极限配合与技术测量[M].北京:高等教育出版社,2002.

[27] 朱超.公差配合与技术测量[M].北京:高等教育出版社,2016.